과학
쫌 아는
십 대
02

물질 씨, 어떻게 세상을 이루었나요?

물질 좀 아는 10대

장홍제 글
방상호 그림

풀빛

차례

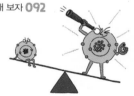

물질이라는,
아직은 깜깜한 방에서
팔을 휘저어 보자

물질이란 무엇일까? 사전을 보면 물질은 '물체의 본바탕'이라는 추상적인 설명부터 '공간의 일부를 차지하며 질량을 갖는 자연계의 구성 요소'라는 과학적 정의, '감각의 원천이 되는 객관적 실재. 시간과 공간이라는 형식과 운동이라는 속성을 갖는다'라는 철학적 정의까지, 두루뭉술하면서도 근본적인, 많은 의미를 담고 있어.

이렇듯 물질은 우리가 느끼고 만지고 사용하는 물건부터 딛고 서 있는 땅, 높은 하늘 위의 구름과 별들까지 온갖 것들을 지칭하는 말이야. 목재, 돌, 철, 공기같이 인류의 처음부터 세상에 존재하던 물질도 있지만, 샴푸나 플라스틱처럼 과학을 통해 만들어진 새로운 물질들도 헤아릴 수 없이 많지.

지금부터 물질이라는 것에 대해 긴 이야기를 시작하려는 이

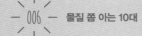

유가 여기에 있어. 주위의 모든 것이 물질로 구성되어 있다면, 이에 대해 알아야 생활에 이롭게 활용하거나 위험한 것을 제거할 수 있을 테니까. 아니면 물질에 대한 호기심을 채우는 데까지만이어도 좋지.

물질은 언제 어디서 만들어졌고, 인간은 어떻게 이 물질들을 활용하고 있는 걸까? 우리 몸 대부분을 차지하고 지구를 이루는 물질 중 가장 친숙한 물만 떠올려 봐도, 궁금증이 꼬리에 꼬리를 물고 일어나네. 온도나 습도가 바뀌었을 뿐인데 단단한 얼음이 되기도 하고 컵에 가득 따라 둔 물이 어느새 사라져 버리기도 하잖아.

이런 현상이 왜 일어나는지 당연하게 받아들이는 데서 그치지 않고 한 번이라도 궁금해한 적이 있다면, 고대 철학자들과도 마음이 통한 거나 마찬가지야. 물질이 어떻게 구성되는지 이해하기 위해 엠페도클레스가 4원소설을 정립했고, 플라톤과 아리스토텔레스가 이를 열렬히 지지했거든. 과학이 발전한 시대에 사는 우리가 보기에는 세상이 물, 불, 흙, 공기로 이루어져 있다는 4원소설이 초보적으로 보일지 몰라. 하지만 아무런 실험 장치 없이 그저 관찰과 논리적인 사고를 통해서만 이 정도 지점에 도달하기란 결코 쉽지 않았을 거야. 이후 원자론을 내놓은 돌턴처럼 획기적인 발견을 한 과학자는 물론이고, 사람들의 손가락질을 받으며 실패만 거듭한 이름 없는 연금술사까지도 과학 발전에 큰 영향을 미쳤어. 이들의 열정과 노력 덕분에 지금 우리는 물질에 대해 상당히 많은 사실을 알게 되었지.

가령 물질의 기원을 거슬러 올라가다 보면, 대체 아주 작은 그 원자라는 것이 어디에서 왔냐는 질문과 맞닥뜨릴 수밖에 없는데, 지금은 빅뱅이라는 유력한 가설이 널리 받아들여졌어. 시간도 공간도 없던 우주에서 큰 폭발이 일어나 에너지가 발생하고, 그 에너지가 질량으로 바뀌어 아주 작은 물질을 만들어 냈다는 거지.

앞서 아리스토텔레스가 4원소설을 지지했다고 했지? 지금은 아무도 4원소설을 과학적 사실로 받아들이지 않지만, 이 개념은 자그마치 2000년 동안이나 세상을 지배했어. 그러니 4원소설이 무너졌을 때 사람들은 어떤 기분이었을까? 도무지 믿기지 않았고, 믿고 싶지도 않았을 것 같아. 그렇다면 빅뱅도 언젠가 4원소설이 그랬듯이 '옛날 사람들은 이렇게 믿었대' 하는 이야기 속에나 등장하는 가설이 될까? 그건 모르지만 분명한 게 하나 있어. 과학이 발전한 배경에는 이처럼 '사실'을 의심하고 끝없이 탐구한 사람들의 노력이 있었다는 거야.

지금부터 우리는 물질을 아주 자세히 들여다볼 거야. 먼저 물질이 탄생한 순간부터, 물질을 구성하는 가장 작은 단위를 살펴보자. 그리고 물질이 이런저런 형태로 바뀌는 모습, 여러 가지 조합으로 전혀 새로운 물질이 탄생하는 광경을 지켜보려고 해. 그다음엔 물질의 질서가 어떤 방향을 향하는지, 먼 데서 바라볼 거야. 물질을 아주 가까이에서, 그리고 먼 데서 보는 여정을 마치고 나면, 이제껏 보아 넘겼던 주위의 많은 것들이 색다르게 보일 거야.

　지금까지는 물질을 어려운 과학 분야의 일로만 생각했을지도 몰라. 어쩌면 태어나면서부터 물질이 있었으니 의문조차 가져 본 적 없었을 수도 있고. 그런데 막상 물질에 대해 알고 나면 저절로 일어나는 자연 현상에도 나름의 질서가 있다는 걸 알게 될 거야. 그러면 더 이상 물질이 어렵거나 막막한 문제로 보이지 않을 거라고 생각해.

　자, 이제부터 함께 물질이라는 깜깜한 방에서 팔을 휘저어 보자. 뭐가 손에 잡힐까?

Chapter 01

물질 탄생이라는
우주의 대사건

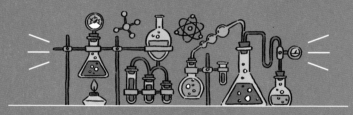

　'물질'이라는 단어는 책이나 뉴스에서 자주 마주치지? 신 물질, 반도체 물질, 약효 물질 같은 단어들은 들으면 기대감이 생기지만, 발암 물질, 화학 물질 같은 말은 무섭고 섬뜩한 기분이 들어. 그러나 대개는 너무 자주 듣다 보니 멍하니 흘려보내는 단어야.

　이 물질이란 정확히 무엇이고, 어디서 와서 우리와 함께하는 걸까? 물질을 보는 여러 가지 시각이 있지만, 우리들에게는 주위 모든 것을 이루는 재료라는 측면에서 물질을 이해하는 게 가장 흥미로울 것 같아. 우리가 살고 있는 거대한 우주, 그 안에 속한 은하, 은하 속 태양계, 태양계 속의 세 번째 행성일 뿐인 지구까지, 이 모든 게 만들어진 역사가 있겠지. 과학자들은 이를 빅뱅(Big Bang)이라고 해. 물론 아직까지 완벽하게 밝혀진 절대적인 사실이 아니라서 빅뱅 이론이라고 하지만, 지금까지는 가장 그럴듯하고 유력한 접근 방식이라고 볼 수 있지. 우리도 여기서부터 이야기를 시작해 보자!

빅뱅과 물질, 그리고 에너지

빅뱅은 아주 커다란(Big) 폭발(Bang)을 뜻해. 지금으로부터 약 138억 년이라는, 상상할 수도 없을 만큼 오래전에 갑자기 큰 폭발이 일어나서, 그 후로 모든 물질이 생겨나고 계속해서 팽창하고 있다는 이론이지. 흔히 최초의 인류라고 하는 오스트랄로피테쿠스가 약 350만 년 전에 처음 등장했다는데, 이에 비하면 아득히 먼 과거야. 빅뱅이 큰 폭발이라고 했으니, 보통 알고 있는 폭발을 상상해 보자. 그럼 더 생생하게 느낄 수 있을 테니까. 화약이나 폭탄이 터지면 펑 하는 소리, 매캐하고 뿌연 연기, 불꽃, 열 등이 주위에 빠르게 퍼지잖아. 우주에서도 빅뱅이라는 거대한 폭발이 일어나 주위로 무언가가 뻗어 나갔고, 이로 인해 우리가 무언가를 인식하고 이해하는 데 필요한 시간과 공간이라는 개념이 만들어졌어.

시간과 공간이 생겨났다니, 그럼 그전에는 무엇이 있었을까. 답은 '아무것도 존재하지 않았다'야. 이 말은 우리가 일상에서 느끼는 '비어 있음', 혹은 '오감으로 느낄 수 없음' 같은 상태가 아니라, 정말 아무것도 없는 상태야. 막막하지만 그래도 어떻게든 상상해 보자면, 빛 한 줄기 없이 텅 비어 있는 까만 방

안에 들어가 있는데, 아무리 팔을 휘저어도 만져지는 것도, 눈에 보이는 것도 없는 상태라고 할까? 하지만 이마저도 팔을 저을 수 있으니 비어 있는 공간이 존재하는 상태지. 빛이 없어 보이지는 않겠지만 말이야. 또 가만히 서 있기만 해도 시간이 흘러가듯이 시간 또한 존재하지. 빅뱅이 일어나기 전에는 우리가 인지할 수 있는, 흔히 3차원이라고 하는 공간, 그리고 4차원을 말할 때 더해지는 시간 역시 존재하지 않았어. 인지할 수 있는 차원에서는 그 무엇도 존재하지 않는 상태였다고 생각하면 돼.

그럼 빅뱅으로부터 시간과 공간이 생겨나면서 도대체 무엇이 주위로 퍼져 나간 걸까? 폭탄이 터질 때 재가 나오듯이 물질이 생겨나 은하와 별을 만들었을까? 시작은 **에너지**야. 흔히 빛이나 열 형태로 떠올리는 그것 말이야.

빛이나 열 같은 에너지가 어떻게 보고 만질 수 있는 '물체의 본바탕'이 된 걸까? 이를 이해하려면 물질을 만지고 다룰 수 있는, 질량이 있고 단단하거나 부드러운 무언가로 생각하기보다 물질이 무엇으로부터 만들어지고 무엇으로 바뀔 수 있는지를 생각해 봐야 해. 세상에서 가장 유명한 수식 중 하나가 우릴 도와줄 거야. 앨버트 아인슈타인의 특수상대성 이론에서 말하는 질량-에너지 등가원리, 즉 $E=mc^2$이 그 주인공이지. 이 수식은 에너지(E)는 질량(m)과 광속(빛의 속도, c)의 제곱을 곱한 것과 동일하다는 의미인데, 이 식에 들어맞는 사례는 쉽게 찾을 수 있어. 대표적으로 핵분열 현상을 이용한, 세상에서 가장 무서운 무기인 원자폭탄, 그리고 태양이 빛과 열을 내는 이유로 알려진 핵융합 현상이 있지.

이런 현상으로 인해 물질이 쪼개지거나(핵분열) 하나로 합쳐지면서(핵융합) 어느 정도 질량이 소멸하고, 소멸한 질량에 광속의 제곱이 곱해지면서 엄청난 양의 에너지를 만들어 내지. 예를 들어 질량이 1g(0.001kg) 소멸하면서 만들어지는 에너지는 90,000,000,000,000J(Joule, 에너지 단위)이나 돼. 소멸하는 질량은 아주 작지만 거기에 빛의 속도가 두 번 곱해지니 이렇게 어마어마한 에너지를 만들어 내는 거야. 수식을 정리해 보면 아래와 같아.

$$E = m \times c^2$$

$$90,000,000,000,000(J) = 0.001(kg) \times 300,000,000 \text{m}\!/\!\text{s}^2$$

- 에너지(E) 단위: 줄(J)
- 질량(m) 단위: 킬로그램(kg)
- 빛의 속도(c) = 300,000,000 m/s

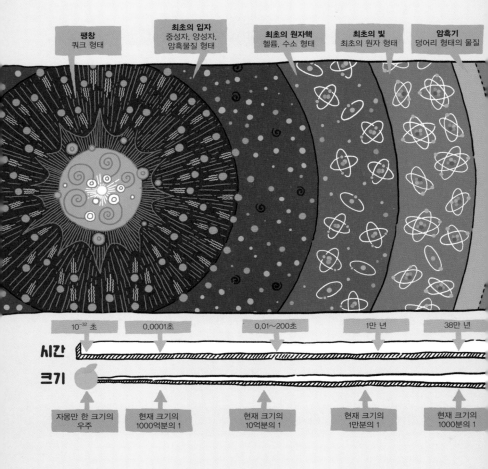

팽창
쿼크 형태

최초의 입자
중성자, 양성자,
암흑물질 형태

최초의 원자핵
헬륨, 수소 형태

최초의 빛
최초의 원자 형태

암흑기
덩어리 형태의 물질

10^{-32} 초   0.0001초   0.01~200초   1만 년   38만 년

시간

크기

자몽만 한 크기의
우주

현재 크기의
1000억분의 1

현재 크기의
10억분의 1

현재 크기의
1만분의 1

현재 크기의
1000분의 1

이 에너지는 흔히 다이너마이트라고 부르는 TNT 폭탄이 한
번에 약 2만 1500톤이 터지면서 발생하는 에너지와 같은 정도
야. 이 작은 물질 하나가 역사를 바꿀 정도지. 질량을 갖는 모

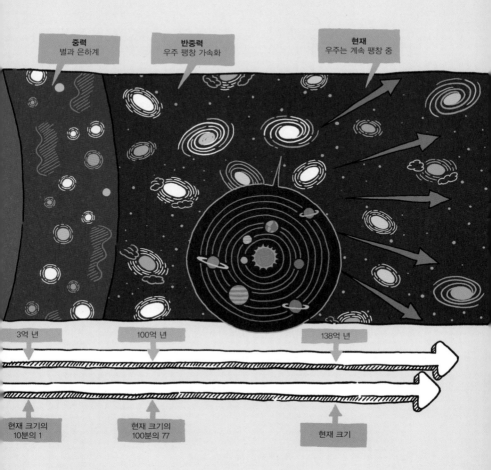

중력
별과 은하계

반중력
우주 팽창 가속화

현재
우주는 계속 팽창 중

3억 년

100억 년

138억 년

현재 크기의
10분의 1

현재 크기의
100분의 77

현재 크기

든 물질은 이처럼 어마어마한 힘을 갖고 있는데, 그 힘을 밖으로 내보내는 게 바로 핵분열과 핵융합인 거야. 다시 말하면 질량이 있는 물질과 에너지는 서로 바뀔 수 있다는 의미고, 그렇기 때문에 물질을 에너지라고도 말할 수 있는 거지.

이제 빅뱅으로 인해 쏟아진 에너지들이 어떻게 물질 탄생에 작용했는지 상상이 가지? 어마어마한 폭발로 인해 엄청난 에너지가 퍼져 나가서 질량으로 바뀌어 작고 가벼운 물질을 만들어 내는 대사건! 여기에서 우리가 알고 있는 가장 가벼운 물질인 수소가 등장해.

물질은 종류가 많아도 너무 많아. 잠깐만 주위를 둘러봐도 철, 플라스틱, 나무, 물, 공기 등 수많은 물질들이 우리를 둘러 싸고 있잖아. 처음에 탄생한 수소는 형태가 간단하고 양도 적었을 것 같은데, 어쩌다 이렇게 다양한 물질이 생긴 걸까? 우주의 시작과 함께 탄생한 물질을 이해하려면 역시 주위에 있는 큰 물질을 자세하게 들여다봐야겠어.

물질을 쪼개 보자, 작게, 더 작게

샤프심을 떠올려 보자. 가볍고 가늘어서 쉽게 부러지고 선으로 보일 만큼 작은 물질이지. 우리에게는 길이(length)라는 한 방향뿐인 선처럼 보이지만, 개미 같은 작은 곤충이라면 그 위에서 둘레로 한 바퀴 빙 돌 수 있을 만큼 충분히 넓은 3차원 공간이겠지. 이렇듯 우리가 인식하고 느끼는 세상과 물질은 사람을 기준으로 정의한 거야. 그러니 더 자세히, 작게, 정확하게 들여다본다면 그 안에 숨겨진 많은 것들을 발견할 수 있겠지.

연필심이나 샤프심은 흑연이라는 물질로 이루어져 있는데, 흑연은 아주아주 작은 탄소로 이루어졌어. 바꿔 말하면 작고 동그란 탄소 알갱이들이 서로 연결되어 있는 게 흑연인 거지. 이때 탄소 같은 물질 단위를 원소라고 부르고, 탄소 원소를 이루는 작고 동그란 알갱이들을 원자라고 해.

원자(atom)는 '더 이상 나눌 수 없는'이라는 의미의 그리스어 atomos에서 유래한 말이야. 아주 작고 근본적인 물질이라 화학 반응을 일으켜도 자르거나 나눌 수 없다는 의미지. 화학 반응이라니, 갑자기 너무 어려운 말이 등장했지? 최대한 간단히 설명해 볼게. 어떤 물질이 다른 물질과 상호작용하여 화학적 성질이 다른 물질로 변하는 과정, 이걸 화학 반응이라고 해. 종이 같은 걸 칼로 자르는 게 물리적 반응이라면, 화학 반응은 저절로 일어나는 자연스러운 변화야. 7장에서 자세히 설명할 테니 여기서는 이 정도로 하고 넘어가자.

원자는 화학 반응으로도 나눌 수 없다는 개념은 무려 기원전 5세기, 그 유명한 그리스의 철학자 데모크리토스(Democritos)가 확립한 내용이란다. 그사이 많은 과학 기술과 정보가 발달해서 지금은 원자도 쪼개고 나눌 수 있다는 사실을 알아냈어. 자, 그럼 원자를 조금 더 자세히 들여다볼까?

복숭아나 자두 같은 과일을 떠올려 봐. 원자는 그런 과일과 비슷하게 생겼어. 가운데에 과일 씨처럼 단단하고 작은 물질이 있고, 그 주변을 과육처럼 비교적 말랑말랑한 물질들이 둘러싸고 있지. 과일 가운데에 있는 씨처럼 단단한 물질을 **원자핵**, 주위의 물질을 **전자**라고 해. 전자는 전기의 흐름과 압력을 만들어 내는, 우리가 알고 있는 그 전자와 똑같은 물질인데, 구름처럼 원자핵을 둘러싸고 있지. 지구 같은 행성의 가장 깊숙한 중심 부분이나, 어떤 역할이나 현상에서 제일 중요한 부분을 '핵'이라고 하잖아. 원자핵도 원자 중심에 자리 잡고 원자의 질량을 결정하는 중요한 역할을 해.

원자핵은 두 부분으로 이루어져 있어. 책이나 방송에서 접했을 것 같은데, **양성자**와 **중성자**라는 물질이 단단하게 뭉쳐 있는 게 바로 원자핵이야. 자, 정리해 보자. 물질은 원자로 이루어져 있어. 원자는 양성자, 중성자, 그리고 전자로 이루어져 있고. 여기서 한 가지 더. 양성자, 중성자, 전자처럼 하나의 원자를 구성하는 개별 요소를 **입자**라고 해. 물질을 구성하는 또 다른 단위니까 혼동하지 않도록 주의하자.

여기서 흥미로운 점이 있어. 양성자, 중성자, 전자는 각각 한 가지 물질이고 성격에도 차이가 없어. 그런데 입자들이 몇 개씩 모이느냐에 따라서 원소의 종류, 질량, 특성이 달라지는 거야. 그저 개수 차이일 뿐인데 다양한 차이가 생기는 거지. 다시 말해 수소, 탄소, 산소 같은 원자를 이루는 양성자, 중성자, 전자는 모두 똑같은 입자들이야. 그런데 입자 개수라는 단 하나의 요인으로 완전히 다른 원자가 만들어지는 거야. 양성자와 전자가 한 개씩 모인 원자는 수소를 이루고, 양성자, 중성

자, 전자가 2개씩 모이면 헬륨, 6개씩 모이면 탄소가 만들어져. 이것이 빅뱅 이후 처음 생긴 수소와 이를 구성하는 양성자, 중성자, 전자로부터 이 세상을 구성하는 수많은 물질들이 형성될 수 있었던 이유지. 마치 작은 블록으로 큰 작품을 만들듯이 눈에 보이지 않는 작은 입자들이 모여 세상을 이루는 물질이 되었다니, 신기할 따름이야.

자, 그럼 우리가 살아가는 세상을 만든, 우주의 시작과 함께 탄생한 물질이 몇 개라고? 맞아. 양성자, 중성자, 전자. 이렇게 세 개야. 물론 우주에는 이 세 가지 물질 말고도 **미소입자**라고 하는 여러 가지 물질들이 더 있고, 이 물질 또한 쿼크, 랩톤 등 더 작은 물질로 구성되어 있어. 여기서는 일단 우리가 인지할 수 있는 물질과 직접적으로 관련된 입자인 양성자, 중성자, 전자까지만 살펴보기로 하자.

다시 빅뱅으로 돌아가서 지금까지 쪼개고 쪼개 살펴본 물질이, 이번엔 어떻게 거꾸로 뭉쳐지는지 한번 살펴보자.

커다란 폭발이 일어난 후 매우 짧은 시간 동안 수많은 사건들이 일어났어. 우리가 알고 싶은 물질의 탄생은 빅뱅으로부터 겨우 $10^{-32} \sim 10^{-4}$초 사이에 일어나서 우주에 밀도라는 개념이 생겼지. 이렇게 생성된 양성자와 중성자들이 서로 뭉쳐 우리가 다루는 물질 중 가장 간단한 원소인 수소, 그리고 질량이 수소 두 개만큼인 헬륨이 탄생했어. 여기까지가 우주의 시작과 물질의 탄생 기원에 대한 요약이야. 생각해 보면 매우 짧은 순간에, 엄청나게 낮은 확률을 뚫고, 세상의 시작이 될 작은 물질이 탄생한 거지. 거짓말처럼 신기한 일이지 않니?

이렇게 섞인 물질, 저렇게 섞인 물질

지금까지 우주의 시작과 물질의 탄생 과정을 살펴보면서 수소와 헬륨이라는 원소를 소개했잖아. 이제 수소와 헬륨 외에 세상을 이루는 다른 근본적인 물질들은 어떤 게 있고, 어떻게 만들어져 있는지 살펴보자. 이제부터 과학, 그리고 화학 측면에서 물질이라는 것을 더 상세히 구분해 볼 거야.

우리가 인식하는 대상들 중 물질은 앞에서도 살펴보았듯이 질량이 있는 물체의 근본이라고 할 수 있어. 질량이 없다면 에너지일 테고. 물질은 **순물질**과 **혼합물**로 구분할 수 있는데, 순물질(pure substance)은 한 가지 물질만으로 이루어진 물질을 의미해. 순물질은 종류에 따라 고유한 성질이 있는데, 어디에서 생겼든 성질은 똑같아. 산소가 그 예지. 산소는 사람이 호흡하는 데 꼭 필요한 순물질인데, 우리나라 산소든 외국 산소든 완벽하게 동일하다는 뜻이야. 혼합물(mixture)은 두 종류 이상의 순물질이 화학적 반응을 일으키지 않고 단순히 섞여 있는 물질이야. 혼합물은 어떤 순물질이 얼마나 섞여 있는지에 따라 특성이 다양해져. 소금을 비롯해 여러 가지 물질이 혼합되어 있는 바닷물이 그렇지. 우리나라와 면한 바닷물과 다른 대륙과 면한 바닷물은 밀도나 염도, 그리고 구성 성분 등이 약간씩 다르거든.

혼합물은 성분들이 어떤 형태로 혼합되어 있느냐에 따라 **균일 혼합물**과 **불균일 혼합물**로 다시 나뉘어. 균일 혼합물은 구성 성분들이 서로 화학 반응은 하지 않지만 완전하게 섞여 늘 같은 상태인 물질로, 다양한 기체들이 섞여 있는 공기가 여기에 속해. 공기는 질소 78퍼센트, 산소 21퍼센트, 아르곤 및 기타 기체 1퍼센트가 섞여 있는 균일 기체 혼합물이지. 불균일 혼합물은 구성 성분들이 섞여는 있지만 크기나 특성이 달라서 완벽히 섞이지 않은 상태야. 아주 작은 모래부터 비교적 큰 돌멩이까지 함께 섞여 있는 흙이 그런 예고.

이제부터 원소를 조금 더 자세히 살펴보자. 원소(element)는 순물질이야. 순물질은 **원소**와 **화합물** 두 가지로 나눌 수 있지. 원소는 우주의 시작을 설명할 때 이야기한 원자와 비슷한데, 한 가지 원자로만 이루어진 순물질을 말해. 세상을 구성하는 가장 작은 단위 중 하나라고도 할 수 있지. 수소, 산소, 질소, 이런 물질이 여기에 속해. 지금까지 총 118개 원소가 지구상에 존재한다고 밝혀졌어. 지금 이 순간에도 과학자들은 새로운 원소를 찾느라 노력하고 있지. 하지만 우리가 주변에서 볼 수 있는 금속들이나 인공 물질만 보더라도 118개는 훨씬 넘을 것 같지 않니? 이것은 순물질의 하나인 화합물 때문에 생긴 흥미로운 결과야.

화합물(compound)은 원소들이 두 가지 이상 모여서 만들어진 순물질을 말하는데, 인간이 살아가는 데 필수적인 물이나 호흡에서 발행하는 이산화탄소를 예로 들 수 있어. 순물질은 원소의 본래 특성과는 전혀 다른 물리·화학적인 특성을 나타내기 때문에 화합물 또한 순물질로 분류하곤 하지. 물을 좀 봐. 물은 폭발성을 갖는 수소, 그리고 연소를 돕는 산소가 각각 2개, 1개씩 모여서 만들어진 화합물(H_2O)인데, 폭발이나 연소와는 무관한 아주 안정적인 순물질이잖아. 폭발은커녕 오히려 불을 끄

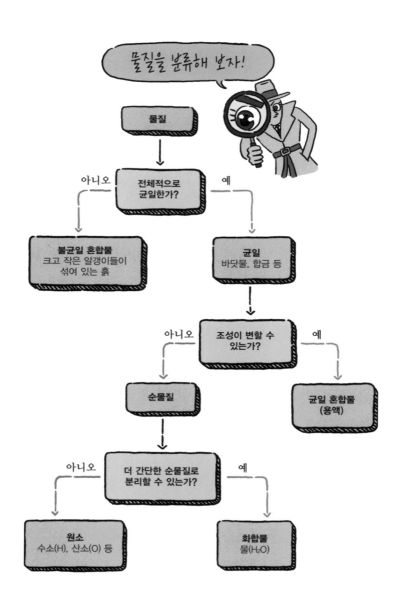

물질 쫌 아는 10대

는 데 사용할 정도로 말이야. 결국 어떤 원소들이 몇 개씩, 어떤 순서로 모여서 이루어진 순물질이냐에 따라 화합물의 종류는 무한히 많아진다는 얘기가 돼.

앞에서 우주의 시작과 함께 탄생한 가장 기본적인 물질로 수소와 헬륨을 소개했던 것 기억하지? 그렇다면 118개의 원소 중 둘을 제외한 나머지는 어떻게 만들어져 세상을 이루는 퍼즐 조각이 된 걸까? 답은 아래에!

원소들의 탄생은 쾅, 활활, 펑펑!

답은 질량을 가진 물질과 에너지의 관계를 말하면서 얼핏 이야기한 핵융합 반응에 있어. 존재하는 원소는 대부분 핵융합 과정을 통해 형성되었지. 이는 말 그대로 원자핵들이 융합하여 한 덩어리로 바뀌는 과정을 뜻해. 자연적으로 핵융합이 일어나는 장소는, 지금까지 알려진 바로는 태양이 유일해. 태양이 워낙 뜨거우니 수소와 수소가 핵융합을 일으키며 활활 타고 빛을 내는 거야.

수소 원자는 양성자 한 개와 전자 한 개가 필수적인 구성 요소잖아. 달리 말하면 양성자 하나, 전자 하나로 구성된 우주의 모든 원소는 수소라는 말이 될 테고. 우주에 수소 원자 두 개가 있다면 양성자 두 개와 전자 두 개라는 재료가 확보된 셈이야. 그런데 높은 온도라는 조건을 만나 수소의 전자를 먼저 떼어 냈다 치자. 그러면 과일 씨처럼 단단한 원자핵들만 남을 텐데 이때 원자핵 둘이서 강하게 충돌하면서 양성자 두 개를 가지고 있는 새로운 물질을 만들 수 있어. 이게 바로 헬륨이지.

빅뱅 이후 초기 우주는 폭발로 인해 엄청난 에너지가 뿜어져 나와 온도가 매우 높았어. 그래서 1억 도 이상의 고온에서만 가능한 핵융합 반응이 쉽게 일어났지. 온도가 어느 정도 내려가기 전까지 핵융합 반응은 계속 일어났어. 이 과정을 거치며 수소, 헬륨, 리튬을 비롯해 수많은 원소가 탄생하고, 가장 안정적인 원소라 불리는 철까지 만들어진 거야. 철보다도 무거운 원소들은 어떻게 생겼게? 지금까지 알려진 바로는 우주에 존재하는 아주 크고 뜨거운 항성인 초신성(supernova)에서 같은 과정을 통해 만들어졌다고 해. 또는 밀도가 굉장히 높은 중성자별들의 충돌로 만들어졌다고도 하고. 이런 과정들을 반복하면서 우리 주위에 있는 크고 작은 수많은 원소들이 탄생한 거야.

우주의 시작부터 물질의 탄생과 분화까지, 엄청나게 북적거리고 복잡한 과정을 간단하게나마 살펴보았어. 이렇게 수많은 우주의 이야기들을 알게 된 건, 실제로 보고 분석하고 판단할 수 있을 만큼 과학이 발달했기 때문이지. 118개나 되는 원소가 어디에 어떻게 존재하고, 어디에 사용되는지를 생각만으로 알아내기란 어려우니까 말이야.

그렇다면 물질들은 서로 어떻게 관계를 맺고 어떻게 바뀔까? 여기에는 어떤 규칙이 있는 걸까? 기원전 5세기에 처음 원소와 원자를 생각해 냈다는데, 대체 그때는 이 많은 원소들에 대해 얼마나 알았으며, 어떻게 구분했을까? 다음 장에서는 먼 과거로 돌아가 이 흥미로운 주제에 빠져 보자.

Chapter 02

드디어 화학이
시작되다

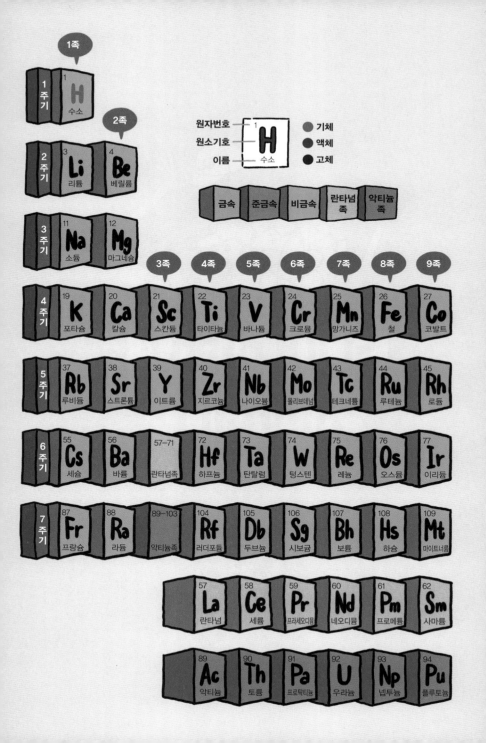

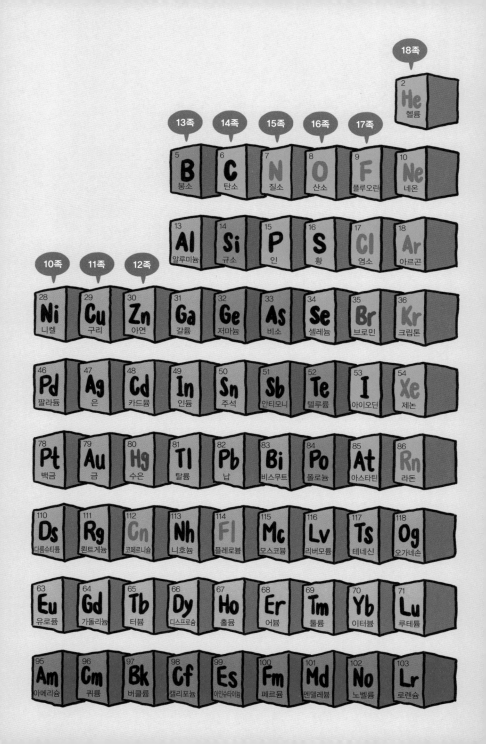

　　지금까지 우주의 시작과 물질의 탄생, 그리고 물질
의 기본 요소인 수많은 원소들이 생겨난 과정을 살펴보았어.
원소들이 무려 118개나 된다는 것도 확인했고 말이야. 이 원소
들은 바로 앞 페이지에 소개한 것처럼 주기율표라는 격자 모양
도표로 정리되어 있어서, 비교적 간단하게 궁금한 원소를 찾아
볼 수 있어. 이제부터는 화학이 누구에 의해, 어떻게 발전해 왔
는지, 이렇게 작은 세상을 들여다보고 연구한 결과가 인류 문
명에 어떤 영향을 미쳤는지, 여러 가지 관점에서 생각해 보자.

원소와 원자, 끝내 헷갈리는 그 이름

원소와 원자. 이름이 비슷해서 둘의 차이가 뭔지 금방 알아차리기 힘들고 헷갈리기도 쉬워. 그러니 최대한 간단히 말해 볼게. 앞에서 살펴본 물질의 탄생 과정에서 나타난 물질, 즉 입자는 바로 원자야. 양성자, 중성자, 그리고 전자가 모여서 만들어진 아주 작은 기본적인 입자 단위! 확실히 해 두고 넘어가자.

그런데 여기서 혹시 이상한 점을 발견한 친구 있어? 분명 원자는 '더 이상 나눌 수 없는'이라는 그리스어로부터 유래한 용어라고 했잖아. 그런데 양성자, 중성자, 그리고 전자로 나뉜다니, 논리적으로 모순이잖아. 그래서 이 모순을 해결하기 위해 원자의 정의를 살짝 바꾸었어. '원자는 화학적으로 분해할 수 없는 기본 입자'라고 말이야. 그러니 앞으로 살펴볼 원자는 화학적인 관점에서 더 이상 나눌 수 없는 아주 작은 입자라고 생각하면 돼.

그럼 원소는 원자와 무엇이 다를까? 원소는 원자와 다르게 입자로 구분하지 않아. 원소는 '세상을 구성하는, 어떤 특성을 가진 구성 요소'이지. 즉 원자의 종류가 곧 원소인 거야. 아리송하지? 예를 들어 볼게. 화합물 물 분자(H_2O)를 원자로 설명하면

이렇게 말할 수 있어. "산소 원자 1개와 수소 원자 2개가 모여 하나의 물 분자를 이룬 형태다." 그런데 원소 개념을 이용해서 설명하면 조금 달라. 이때는 "물 분자를 이루는 원소는 산소와 수소다." 이렇게 말해야 하지. 이해가 가니? 즉, 원소는 개수가 아닌 종류를 말하는 개념인 거야. 그래서 1개, 2개 하는 수량으

로 말하지 않고 한 가지, 두 가지 하는 종류로 말하는 거지.

이제부터는 눈으로는 볼 수 없는 원자를 과거의 철학자들이 어떻게 정의했는지, 그리고 원자를 구분하는 원소에는 어떤 종류가 있고 어떻게 발견했는지, 차근차근 살펴보자.

⋛ ㄱ 작은 원소와 원자를 어떻게 발견했을까? ⋚

원자를 이야기하기 시작한 것은 이론적으로 정의할 수 있는 하나의 개념 또는 가설이 나오면서부터인데, 이걸 **원자설**이라고 불러. 하지만 초기에는 원자와 원소 구분이 명확하지 않았고, 둘의 차이점을 발견할 수 있을 만큼 과학 기술이 발전하지도 않았지. 그래서 **원소설**이라는 개념부터 발전했어.

시작은 생각보다 아주 오래전이야. 기원전 600년경에 고대 그리스 철학자인 탈레스(Thales)가 자연 현상들을 이해하기 위해서 물질에는 입자가 존재한다고 예상한 데서부터 시작되었지. 이후 약 200년 동안 시행착오와 토론을 거친 끝에 엠페도클레스(Empedocles)가 등장했어. 그는 세상에서 일어나는 다양한 자연 현상과 관찰 사항들을 네 가지로 구분할 수 있다고 생각하고, 이를 정리해서 4원소설이라는 개념을 주창했어. 소설이나 영화에 관심이 있는 친구라면 4원소설에 대해 한 번쯤 들어 봤을지도 모르겠어. 아는 친구들은 한번 떠올려 보자. 4원소설에 등장하는 4원소는 무엇무엇일까?

자연 현상을 설명하기 위해서 만들어진 개념이라는 데 힌트가 있지. 우리가 느낄 수 있는 감각인 뜨거움(hot)과 차가움(cold), 축축함(wet)과 건조함(dry)이라는 네 가지 지각에 기반한, 불, 물, 공기, 그리고 흙이 그 주인공이야. 어때? 과연 이 네 가지 요소로 대부분의 자연 현상과 구성을 이해할 수 있었겠다는 생각이 들지?

4원소설은 사상, 형이상학, 인식론 등의 논점에 대해 관심이 많았던 고대 철학자들을 필두로 계속해서 지지를 받고 퍼져 나갔어. 너희도 한 번쯤 들어 보았음 직한 유명한 철학자들인 플라톤(Platon)과 그 제자 아리스토텔레스(Aristoteles) 등이 여기에서 핵심적인 인물이었지.

한번 시작한 물질에 대한 탐구는 멈추지 않았어. 뒤이어 원소설보다 정량적이고 명확한 원자설이 등장했지. 원소설보다 더 설득력을 얻고 현대 화학의 개념이 된 원자설은 누가 세운 걸까? 4원소설이 널리 받아지던 때와 비슷한 시기에 원자 개념을

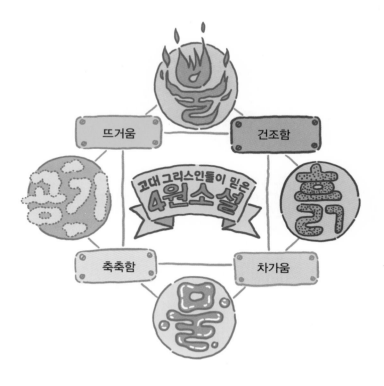

최초로 상상해 낸 고대 그리스 최고의 자연철학자, 데모크리토
스가 그 역사적인 주인공이야. 데모크리토스는 물질의 근원은
눈에 보이지 않는 원자를 '분할(tom) 불가능한(a-) 입자'라고 해
서 atom이라 하고, 최초의 원자설을 주장했지. 그가 밝힌 원자
의 성질은 다음과 같아.

1 모든 물질은 원자라고 부르는 독립적인 입자로 이루어져 있다.

2 원자는 파괴되지 않는다.

3 원자는 견고하게 꽉 차 있지만 눈에 보이지 않는다.

4 원자는 균질하다.

5 원자는 크기, 모양, 위치, 배열 등이 다르다.

상상만으로 생각해 낸 것치고는 놀랍도록 구체적이고 그럴듯하지 않니? 실제로 뒤에서 살펴볼 근현대의 원자설과 비교해 보면 대부분 사실이라고 입증되었으니 굉장한 발상이지. 데모크리토스의 원자설은 논리적으로는 반박할 부분이 없었고, 이를 완벽하게 검증하기 위한 과학 기술이 발전하지 않은 상황이었기 때문에, 한참 시간이 흐른 뒤인 1803년 영국의 화학자 돌턴(Dalton)이 새롭게 정립한 원자론이 등장할 때까지 사실로 받아들여졌어.

돌턴의 원자론은 이제까지의 원자론과 어떻게 다른지 한번 살펴보자. 여기에서 흥미로운 점을 발견할 수 있거든.

1 모든 물질은 더 이상 쪼갤 수 없는 원자로 이루어져 있다.

2 원자의 종류가 같으면 원자들의 크기, 모양, 질량이 같다.

3 화학 변화가 일어날 때 원자는 배열이 달라질 뿐, 새로 생기거나 없어지지 않고 다른 종류의 원자로 변하지 않는다.

4 원자들이 결합하여 새로운 물질을 만들 때, 항상 일정한 비율로 결합한다.

돌턴의 원자론이 등장하자 사고를 통해 정립한 철학적인 관점의 원자설(데모크리토스의 1번, 2번 명제)과, 그 이후 2000년 동안 실증한 과학적인 관점의 원자론(돌턴의 3번, 4번 명제)이 합쳐져, 원자론이 한층 더 탄탄하게 발전해 갔어.

다시 원자론을 수정하다

그렇다고 돌턴의 원자론이 지금까지도 진리로 여겨지는 절대

물질 쫌 아는 10대

적인 이론은 아니야. 실험을 해 봤더니 철학적 관점에서 바라본 두 개의 명제에는 모순이 있다는 점이 밝혀졌거든. 앞에서도 얘기했지? 모든 물질은 더 이상 쪼갤 수 없는 원자로 이루어져 있다는 말에 오류가 있다고. 물질의 탄생을 이야기할 때 살펴보았듯이 원자도 물리적인 외력에 의해서 양성자, 중성자, 그리고 전자로 쪼개질 수 있어. 이 논리적인 모순을 정리하기 위해서 현재는 '모든 물질은 화학적으로 더 이상 쪼갤 수 없는 원자로 이루어져 있다'라고 한다는 것도 기억날 거야.

  물리적인 작용과 화학적인 작용은 의미가 전혀 달라. 물리적으로 쪼갠다고 할 때는 칼로 자르거나, 망치로 내려치거나, 믹서로 갈아 버린다거나 하는 직접적이고 직관적인 행위를 말해. 원자를 이렇게 간단한 방식으로 쪼갤 수 있을 리 없겠지? 원자는 아주아주 높은 에너지를 가진 다른 원자와 충돌하거나, 높은 에너지를 가진 빛을 받아야만 쪼개질 수 있어.

  그럼 화학적인 작용은 무엇을 의미할까? 돌턴의 원자론 3번, 4번 명제와 같이 **화학 변화**를 일컫는 말인데, 쉽게 말하자면 요리와 비슷해. 냄비(화학 반응이 일어나는 장소)에 재료와 향신료(원자, 분자, 화합물)를 넣고 굽거나 끓이면 완전히 새로운 요리(새로운 물질)가 만들어지는 과정과 같은 거지. 요리도 쉬운 게 있고 어렵고 복잡한 것도 있듯이, 화학 반응 역시 비교적 간단한 것부터 매우 복잡한 것까지, 굉장히 다양한 과정을 거쳐 일어나. 이에 대해서는 뒤에서 상세하게 살펴볼 테니 여기서는 이 정도로만 알아 두자.

같은 원자지만 무게가 다른 원자

원자 종류가 같으면 크기, 모양, 질량이 같다고 한 데에도 수정이 필요했어. 사실 원자의 크기나 모양은 특정한 형태가 있는 건 아니라서 큰 문제가 없어. 그런데 '질량'이 같다는 부분에서 예외들이 관찰되었지. 이를 **동위원소**라고 부르는데, 같은 원소인데도 질량이 다른 원자들이 몇 종류 존재한다는 데서 유래했어.

원자를 구성하는 세 가지 요소인 양성자, 중성자, 그리고 전자를 다시 한 번 살펴보자. 이 세 요소는 각각 두 가지 물질량을 가지고 있는데, 바로 전하량과 질량이야. 전하량이라는 말은 건전지나 전기에서 본 적이 있을 텐데, 양(+)의 값을 나타내는 양전하와 음(-)의 값을 나타내는 음전하로 구성돼. 양성자,

중성자, 전자의 이름에서도 뭔가 유추해 볼 수 있겠지? 양성자
는 이름 그대로 양전하를 띠고, 전자는 이와 반대인 음전하를
띠지. 중성자는 이름처럼 어떠한 전하도 나타내지 않는 중립적
인 특성(중성, neutral)을 나타내고.

　원자는 물질을 구성하는 기본 단위인 만큼, 그 자체로는 전기
적인 특성을 나타내지 않아. 그 말은 곧 원자를 구성하는 양성
자와 전자 개수가 늘 같기 때문에 극성이 상쇄되어 중성을 나타
낸다는 뜻이지.

　이번에는 원자를 질량의 관점에서 보자. 무거운 질량과 중력
을 가진 지구 주위를 달이 공전하듯이, 원자 중심에는 양성자
와 중성자가 강하게 뭉쳐 있는 원자핵이 있고, 그 주위를 전자
들이 둘러싸고 있어. 이런 사실로 미루어 볼 때, 양성자와 중성
자는 비슷한 질량을 가지고 있고 전자에 비해 매우 무겁다고 할
수 있겠지. 실제로 양성자와 중성자의 질량이 전자보다 무려
1800배나 크대. 즉 원자의 질량이라는 특성에서 전자는 사실상
별 영향을 미치지 못하는 거야. 결국 같은 원자라면 양성자와
전자 개수가 같아서 전기적으로 중성을 유지하고, 전하량과는
상관없는 중성자가 몇 개 있느냐에 따라 원자의 질량이 약간씩
달라지겠지.

원자들의 질량을 비교할 때는 탄소(C)를 기준으로 삼는 게 일반적이야. 왜냐하면 대부분의 물질은 타고 나면 탄소가 남는 데서 알 수 있듯이, 우리 주위의 유기물(단백질, 탄수화물, 지방 등 가열하면 연기를 내며 타는 물질)들은 탄소가 핵심을 이루기 때문이지. 그러니 우리도 탄소를 기준으로 동위원소가 어떻게 존재하는지 한번 살펴보자.

탄소는 양성자 6개, 중성자 6개, 전자 6개로 이루어져 있어. 이를 바로 앞에서 이야기한 내용을 토대로 달리 표현해 볼게. 그럼 양성자의 양전하 6개, 전자의 음전하 6개가 합쳐져 전체적으로 중성을 나타내고, 양성자 6개와 중성자 6개를 합한 12만큼 질량을 갖고 있다고 말할 수 있겠지. 이게 가장 흔하고 일반적인 탄소 원자야. 지구에 존재하는 탄소 원자들 중 약 98.9퍼센트가 이 상태로 존재할 정도지.

그다음으로 많이 존재하는 탄소의 형태, 즉 동위원소는 양성자 6개, 중성자 7개, 그리고 전자 6개로 이루어져 있어. 전기적으로는 앞의 탄소와 똑같이 중성이지만 질량 면에서는 양성자 6개, 중성자 7개, 그리고 무시해도 될 만한 수준의 전자 질량을 더해 총 질량이 13만큼이라고 예상할 수 있지.

탄소의 동위원소는 지구에 존재하는 탄소 원자의 1.1퍼센트를 차지해. 그래서 앞의 탄소 질량과 탄소 동위원소의 질량을 합쳐서 평균 질량을 계산해.

동위원소 중에는 형태가 굉장히 불안정한 경우가 있는데, 이런 원소들은 시간이 지나면서 붕괴되어 안정적인 형태의 원소로 바뀌어. 이를 방사성 붕괴라고 하지. 이 점을 이용해서 지층에 있는 동위원소의 양이 어떻게 변화하느냐를 확인하여 지층이 형성된 지 얼마나 되었는지 확인할 수 있어. 고고학자들이 많이 사용하는 과학적 기법이야. 또 방사성 붕괴에서 나오는 특정한 신호를 감지해서 사진처럼 영상을 만들 수 있는데, 이를 활용해서 우리 몸속 어딘가에 문제가 있는지 확인할 수 있단다. 그저 '튀는 것' 같은 동위원소도 쓸모가 많지?

자, 동위원소의 존재에 대해 알게 되었으니, 같은 원소, 혹은 원자라도 질량이 다른 녀석이 있을 수 있다는 걸 이해하겠지? 탄소뿐만이 아니라 거의 모든 원자들은 동위원소를 가지고 있고, 그 수는 한 종류 원자에 수십 개나 되기도 해. 그래서 세상에는 수많은 원자 종류가 있는 거지.

지금까지 돌턴의 원자론이 갖고 있는 두 가지 오류를 살펴보았는데, 이는 돌턴이 살던 당시에는 절대 예상할 수 없는, 아주 높은 수준의 과학 기술이 필요한 항목들이었어. 이 점을 고려

하면 돌턴의 원자설은 오류가 있긴 해도 굉장히 설득력 있고 잘

정리한 이론이라고 할 수 있지. 이처럼 원소설과 원자설은 생

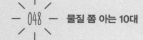

각으로 정리한 것, 과학으로 예상한 것, 실험으로 확인한 것들을 토대로 물질의 기본 단위를 간단명료하게 정의하려는 오랜 노력의 결과물이야.

개념을 확실히 알고 넘어가야 하다 보니 설명이 길어졌는데, 딱딱하고 복잡한 이야기로 들릴 수도 있겠다. 하지만 이제부터는 더 흥미진진해질 테니 기다려 봐. 원자설과 인간의 문명, 문화, 욕망이 엉켜 있는 이야기를 시대와 장소를 넘나들면서 따라가다 보면, 물질, 원소, 더 나아가 화학이 얼마나 매력적이고 재미있는 학문인지 느낄 수 있을 거야.

도무지 이해할 수 없었던 두 가지 물질

오랜 옛날부터 철학자와 과학자들이 탐구해 온 덕분에 물질, 원소, 원자, 이 모든 것들이 세상을 구성하는 아주 작은 단위라는 것, 그리고 원자의 구조에 대해 많은 사실들을 알게 되었어. 그런데 이게 꼭 과학의 문제이기만 할까? 혹시 인간의 문명과 문화에 어떤 영향을 미쳤을지 궁금하지 않니? 어쩌면 그게 우리에게 조금 더 와 닿는 이야기겠지? 자, 그럼 크게 나누어 동양과 서양에서 물질에 관한 지식이 어떻게 발전했는지 살펴보자.

서양에서는 앞에서 살펴본 대로 고대 그리스의 철학자들이 사색을 통해 정립한 4원소설이 주를 이루었어. 이후 불, 물, 공기, 흙이라는 네 가지 원소들을 상상하고 추론함으로써 세상을 구성하는 여러 요인들에 대해서 다양한 생각들을 펼쳐 나갔지. 그런데 문제가 생겼어. 이 네 가지 원소만으로는 설명할 수 없는 아주 특이한 물질을 발견한 거야. 그러자 이때부터는 철학이 아닌 과학의 영역으로 뻗어 나가기 시작해. 아주 특이한 물질이란 바로 **수은**과 **황**이라는 두 가지 원소야.

수은에는 흥미로운 면이 있어. 금속은 금속인데 액체 상태의 금속이거든. 액체는 우리가 알다시피 용기에 따라 형태가 바뀌고 높은 곳에서 낮은 곳으로 흐르는 성질을 가진 물질이지. 금속은 어떨까? 지금 잠시 주위를 둘러봐도 수많은 금속들을 찾아볼 수 있어. 철로 만들어진 책상 다리, 의자, 아연이나 니켈 등을 섞어 만든 동전, 음식을 포장할 때 편리하게 사용하는 알루미늄 호일도 금속이지. 금속을 이루는 각각의 원소에 대해서는 자세히 모른다 해도, 굉장히 다양한 금속으로 물건들을 만들었다는 점은 금세 알 수 있어. 이 다양한 금속들은 모두 단단하게 형태를 유지하는 고체 상태지. 아주 옛날에는 지금보다 일상에서 사용하는 금속 종류가 적었을 거야. 하지만 그때도 역시 금속은 고체 상태에 강도가 높은 물질이었을 테지. 그런데 여기에서 단 하나 예외를 발견한 거야. 그게 바로 수은이고.

우리가 생활하는 데에 적당한 온도인 섭씨 10~30도에서 금속은 고체 상태로 있는 게 가장 안정적이고 자연스러운데, 수은만큼은 비교적 낮은 온도에서도 액체 상태를 유지하는 특성이 있어. 지금이야 실험과 연구를 통해 수은은 액체 상태로 존재할 뿐 금속의 일종임을 당연하게 알고 있지. 하지만 옛날 사람들은 수은이 너무나도 신기하고 이상한 물질이라고 느낄 수밖에 없었겠지? 수은은 액체 상태로 존재하는 금속이라는 점 외에 오묘한 면이 하나 더 있어. 자연 상태에서는 '진사'라고 불리는 붉은색 돌 형태로 존재하다가, 온도를 높여 주면 금속 형태의 수은이 되는 거지. 그러니 돌이 금속으로 변하는 것같이 느껴졌겠지?

그럼 황은 무엇 때문에 수백, 수천 년간 내려온 4원소설을 뒤흔든 걸까? 보통 황은 노란색 고체 형태야. 화산 지대에서 흔히 볼 수 있기 때문에 다큐멘터리 같은 걸 보면 화산 지대에서 노란색 황 덩어리를 채굴해 생계를 꾸리는 사람들을 볼 수 있어.

황도 평소에는 노란색 고체 상태였다가 온도를 높여 주면 마치 얼음이 녹아 물이 되듯이 액체가 되는데, 이때 붉은색을 띠어. 여기서 온도를 더 많이 높이거나 아예 불을 가까이 대면? 힌트! 황의 옛날 이름이 '불타는 돌'이었대. 예상이 되지? 이름처럼 불이 활활 타오르는 거야. 신기한 점은 또 있어. 황이 타면서 피어오르는 불은 빨간색이 아니라 파란색이야. 그래서 황이 많이 매장되어 있는 화산에서는 불길이나 흘러내리는 용암이 푸른색을 띠는 경우도 종종 있대. 옛날 사람들은 땅을 파거나 바위를 깎다가 노란 고체 상태의 황을 발견했을 거야. 그런데 이 노란 덩어리가 붉은 액체로, 그리고 푸른 불꽃으로 색과 형태가 바뀌는 신비한 현상을 접했을 거고. 불에 타는 모습도 흥미롭게 관찰했겠지.

수은과 황은 이처럼 4원소설만으로는 설명할 수 없는 자기만의 특징을 가지고 있어. 이를 해석하고 이해하기 위해서 4원소설이 점점 확장되었고, 물질과 원소에 대한 새로운 생각들이 녹아들게 되었지.

연금술을 탄생시킨 동서양의 원소설, 그리고 인간의 욕망

　비슷한 시기에 동양에서는 물질과 관련하여 어떠한 일이 벌어지고 있었을까? 서양에 4원소설이 있었다면 동양에는 **오행**이라는 개념이 있었어. 도교 도사, 의사들이 정립한 이론인데 지금도 한방 병원이나 책에서, 혹은 운세를 점칠 때 종종 등장

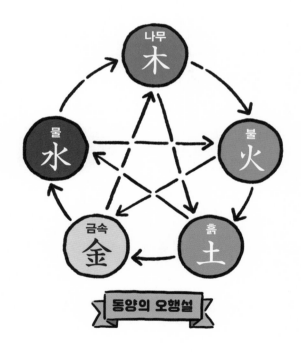

동양의 오행설

하지. 4원소설이 세상을 구성하는 요소를 표현하기 위해 만들어진 것과 같이, 오행도 불, 물, 나무, 금속, 흙이라는 다섯 가지 요소가 세상을 이룬다는 내용을 담고 있어. 4원소설과 다른 흥미로운 점은 이 다섯 가지 요소들이 서로 돕거나 방해하는, 물고 물리는 관계가 있다는 점이 추가되었다는 거야. 이는 각각의 물질 혹은 요소들이 서로 반응할 수 있다는 화학적인 개념이라고 할 수 있지.

서양 사람들이 4원소설에 부합하지 않는 수은을 보고 놀랐듯이 동양에서도 비슷한 일이 있었어. 시작은 중국 역사에서 큰 비중을 차지하는, 중국을 최초로 통일한 **진시황**의 불로불사에 대한 욕망이었지. 진시황은 드넓은 중국 영토 구석구석에 사람들을 보내서 불로초를 찾게 했대. 그리고 도교 도사들을 지원하여 불로장생하는 약을 만들어 내라는 명령을 내리기도 했는데, 이 과정에서 관심을 받은 물질이 역시나 수은이야. 수은은 독성이 높아서 사람이 여기에 노출되면 수은 중독을 일으켜 죽음에 이를 수도 있어. 아주 무서운 물질이지. 그런데 피부에 닿으면 근육이 약간 경직되는데, 이때 모세혈관에 피가 잘 통하지 않아서 피부색이 뽀얘지고 주름도 약간 펴지나 봐. 이 현상을 보고 '젊어진다!' 하고 착각하는 건, 그 시대에는 어쩌면 자

연스러운 일이었을 거야. 당시에는 수은의 독성에 대해 알지도 못했고, 오히려 잘못된 과학 지식 때문에 수은을 이로운 물질로 취급했어. 이 때문에 진시황뿐만 아니라 그 뒤를 이은 많은 황제들이 수은 중독으로 세상을 뜬 것으로 추측하고 있어. 진시황의 수은 사랑은 현대에 발굴한 진시황릉에 수은이 흐르는 강의 흔적이 남아 있다는 점에서도 알 수 있지.

　이처럼 동양과 서양이 각각 독자적인 원소설을 만들었고, 비슷한 과정을 거쳐 발전했어. 그러다 흔히 이역만리라고 할 정도로 멀리 떨어진 이 두 문명이 만나 과학과 화학이 급격하게 발전하는 일이 생겨. 계기는 활발해진 동서양 교역이었지. 교역을 하려면 오갈 수 있는 길과 장소가 있어야 하잖아? 그래서 '실크로드'라는 교역로가 생기고, 그 중앙에 자리 잡은 중동 지방이 중요한 교역 장소가 되었어. 여기서 예술, 생산품, 서적 등 수많은 분야에서 무역과 문화 교류가 이루어졌대. 우리가 살펴보고 있는 과학과 화학도 여기에 포함되고.

⚞ 서양과 동양의 화학이 만나다 ⚟

서양에서 온 4원소설과 수은, 황에 대한 정보, 그리고 동양에서 온 오행설과 수은에 대한 관심이 만나서 어떤 일이 일어났을까? 각각의 물질에 대한 정보도 나눴고, 이때부터 본격적으로 한 물질을 다른 물질로 바꾸는 **연금술**이 시작되었어. 실제로 유명한 연금술사들은 대부분 중동 지방에서 활동했고, 비교적 근대까지도 있었대. 연금술은 단어 그대로 납(鉛)을 금(金)으로 바꾸는 환상 속의 기술이야. 초기 연금술은 굉장히 숭고한, 자기 발전을 위한 학문이었어. 점차 세상이 세속적이고 물질적으로 바뀌어 가자, 값싼 납을 금으로 만들어 돈을 벌고자 하는 비이성적인 연구로 변질되었지만 말이야. 연금술은 원래 무르고 가치 없는 납과 같은 정신을 끝없이 정련해서 금처럼 가치 있게 상승시키자는 취지에서 끝없이 탐구하고 실험하는 학문이었어. 연금술의 가치와 정신은 유명한 근대 철학자들에게도 이어졌는데, 《파우스트》를 저술한 독일의 대문호 괴테를 대표적인 후계자라고 여기지.

연금술을 연구하는 과정에서 많은 실험적인 시도와 사색이 있었고, 현재의 주기율표를 채우는 원소들 중 절반 이상이 발견되었어. 세상이 생각보다 많은 종류의 물질과 원소로 이루어져 있다는 사실, 물질은 각각 독특한 특징을 가지고 있다는 사실, 그리고 흔히 화학 반응이라고 하는 인위적인 작용을 통해서 새로운 조합의 물질을 만들어 낼 수 있다는 사실도 알게 되

었지. 물질을 다른 관점으로 보고 다루는, 화학이라는 학문이 본격적으로 시작된 순간이야. 고대에서 시작하여 연금술로 발전한 이 정신과 목표는 현대 과학자들에게 이어져 지금도 수많은 연구들을 진행하고 있어.

자, 여기까지 살펴본 물질, 원소, 그리고 원자에 대한 내용을 머릿속에 잘 담아 두었길 바라. 이제부터는 조금 더 깊숙이 발을 들여 볼 테니까.

Chapter 03

물질은 어떤 모습으로
세상에 존재할까?

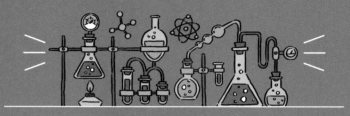

　　물질이 무엇인지, 물질은 무엇으로 이루어져 있는
지, 그리고 물질에는 어떤 종류가 있는지 지금까지 알아보았
어. 이제는 다음 궁금증을 풀 차례야. 물질은 어떠한 형태, 혹
은 상태로 세상에 존재할까? 사실 우리는 이미 어느 정도 답을
알고 있어. 주위의 모든 것은 고체, 액체, 아니면 기체라는 형
태로 존재하니까. 가장 손쉽게 관찰할 수 있는 물질인 물만 봐
도 그래. 공기와 구름 속에서는 수증기라고 하는 기체 상태지.
강과 바다에서는 물이라고 부르는 액체 상태고, 추운 북극과
남극에서는 얼음인 고체 상태야. 이렇듯 같은 물이지만 자연
속에 다양하게 자리하고 있어. 그렇다면 무엇이 이런 물질의
상태를 결정하고 조절하는 걸까?

물질은 단단하거나 흐르거나 떠 있거나

가장 대표적인 물질 상태는 고체, 액체, 기체, 이렇게 세 종류야. 간단히 눈으로 확인할 수 있는 특징부터 살펴보자. 고체는 특정한 모양을 유지할 수 있어서 눈으로 보거나 손으로 들거나 옮길 수 있지. 액체는 모양을 유지할 수 없기 때문에 어떤 용기에 담느냐에 따라서 모양이 바뀌어. 액체도 눈으로 볼 수 있고 손으로 만질 수 있지만, 흐르는 성질이 있어서 고체만큼 다루기가 쉽지는 않아. 기체도 액체처럼 담는 용기에 따라 모양이 바뀌는데, 너무 가볍고 서로 멀리 떨어져 있어서 만지거나 잡을 수 없어. 여기까지는 우리가 이미 알고 있는 내용이지? 그럼 이런 차이가 나타나는 이유는 무엇인지, 조금 더 가까이 들여다보자.

고체든 액체든, 또는 기체든, 물질을 구성하는 작은 구성 요소들은 모두 같을 거야. 여기서 말하는 '작은 구성 요소'란 앞서 등장한 물질의 가장 작은 구성 요소인 원자일 수도 있어. 그런데 알다시피 세상에는 118개 원소보다 더 많은 종류의 물질이 있잖아. 원소이자 원자인 철만 해도 그래. 스테인리스, 강철, 연철, 주철 등도 철이잖아. 그런데 어째서 원자 수보다 물질의 종류가 더 많은 걸까? 앞에서 살펴본 돌턴의 원자론으로 돌아가 보자. '원자의 배열이 달라진다'와 '원자가 결합한다'라는 내용이 있었지? 이 두 가지 과정을 거쳐 원자보다 더 복잡하고 다양한 새로운 구성 단위가 생기는 거야. 이걸 **분자**라고 불러.

분자를 조금 더 정확하게 설명하자면 '각 물질의 화학적 성질을 가진 최소의 단위 입자'라고 할 수 있어. 분자는 원자 한 가지로 이루어진 것도 있고, 여러 원자가 결합한 것도 있어. 결국 100여 종에 불과한 원자들이 수많은 조합으로 결합해서 수많은 분자들을 이루는데, 이것이 우리가 느끼고 사용하는 물질의 새로운 기본 단위지.

물질 상태의 가장 대표적인 예인 물을 다시 한 번 살펴보자. 우리는 물의 세 가지 상태 중 액체 상태인 '물'을 가장 대표적이고 관용적인 물질로 다루고 있어. 우리가 살아가는 지구에서 제일 쉽게 볼 수 있는 물질이 물이고, 물이 가장 일반적으로 존재하는 상태가 액체이기 때문에, 물을 기본 용어로 선택한 거지. 하지만 물이라는 원자는 들어 본 적이 없지? 물을 이루는 기본 단위는 분자라서 그래. 이를 물질의 화학적인 구조와 특성을 가장 잘 드러내는 화학식으로 표현하면 H_2O라고 해.

화학식은 영어 알파벳과 숫자로 이루어져 있는데, 알파벳은 원소의 종류를 가장 간단하게 표현한 **원소 기호**이고, 숫자는 분자 속에 그 원소가 몇 개 결합해 있는지 알려 주는 거란다. 즉 H_2O는 수소(H) 2개와 산소(O) 1개가 결합한 분자라고 할 수 있어.

그런데 어떻게 H_2O를 '물'이라고 말할 수 있냐고? 물이라는 단어는 앞서 말한 대로 대다수 사람들이 별다른 이견 없이 편하게 부르는 **관용명**일 뿐이고, 화학식으로 부르면 산화이수소(Dihydrogen oxide)야. 수소(hydrogen) 2개(di-)와 산소가 결합했다(oxide)는 화학식을 그대로 읽은 것이긴 하지만, 아무래도 물이라고 말하는 것보다는 어렵지? 그래서 관용명이라는 편리한 표현이 생겨난 거야.

끌어당기는 힘이 바로 물질 상태의 차이

물은 산소가 양쪽으로 손을 뻗어 두 개의 수소와 손을 잡고 있는 형태로 원자들이 결합한 구조야. 그런데 여기서 의문이 생겨. 원자들이 결합해서 분자라는 기본 단위를 만들어 새로운 특성을 나타내는 물질이 생겨났어. 그런데 분자를 구성하는 원자들은 분명 모두 다른 원소들이었잖아. 그런데도 원자들이 항상 똑같은 힘으로 서로를 당길까? 그건 아닐 거야.

예를 들어 보자. 산소 원자는 산소 기체(O_2)를 만들 때도 있고, 물(H_2O)이나 알코올(에탄올, CH3CH2OH)을 만들 때도 있어. 이렇게 다른 원자들과 손잡고 새 물질을 만들 때, 원자는 각각 다르게 기여하지. 왜냐고? 원자들은 저마다 자기 방이 있는데 이 방은 텅 비어 있을 수도, 일부만 차 있을 수도, 혹은 가득 차 있을 수도 있어. 그런데 원자는 방을 항상 전자들로 가득 채우고 싶어 하거든. 그래서 분자를 형성할 때 전자를 더 가져오고 싶어 하기도 하고, 덜 가져오고 싶어 하기도 해. 그러니 어떤 원자는 강하게 끌어당기고 어떤 원자는 덜 끌어당기는 거지. 즉, 원자를 이루는 양성자와 전자의 개수에 따라 끌어당기는 힘이 달라지는 거야.

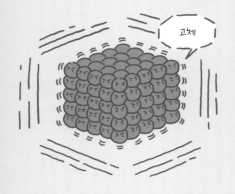

고체

물질에도 똑같은 현상이 있어. 수소는 약한 양전하를, 산소는 약한 음전하를 나타내는데, 서로 다른 극끼리는 인력이 작용해 함께 있고 싶어 하잖아. 물 분자 속에서, 또는 분자들

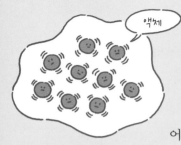
액체

사이에서도 이러한 인력이 약간씩 작용해. 앞에서 원자는 전자를 자기 방에 채우고 싶어 한다고 했지? 그래서 전자를 끌어당기는데, 바로 이 힘이 분자들의 위치나 결합에 영향을 미쳐서 물질의 상태가 결정되는 거야.

분자 간의 힘이 강하게 작용할 수 있는 환경에서는 분자들이 서로 단단히 연결되니 고체 상태가 되겠지. 이보다 분자 간 힘이 약하면 분자들끼리 어느 정도 거리는 유지하지만 비교적 원만하게 이동할 수 있기 때문에, 뭉쳐 있지만 흐르는 성질이 있고 형태가 자유자재로 변하는 액체 상태일 테고. 그럼 분자들 사이의 힘이 매우 약해서 서로 영향을 미치기 힘든 아주 자유로운 상태는? 그래, 기체야. 이렇듯 고체, 액체, 기체 상태를 결정하는 것은 그 물질을 이루는 분자들 사이에 힘이 얼마나 강하게 작용하는가에서 나온 결과야.

기체

〓 무엇이 물질의 상태를 바꿀까? 〓

고체, 액체, 기체는 물질을 구성하는 분자들 사이의 **거리**와 **인력**에 따라 결정되는 대표적인 세 가지 물질 상태야. 그런데 고여 있는 물이 추운 겨울날 얼어 버린다거나, 더운 날 아스팔트 위에 뿌린 물이 금세 사라지는 경우를 종종 보았지? 액체가 고체로, 혹은 수증기, 즉 기체로 변하는 현상이야. 분자와 인력으로 설명한, 복잡할 것 같은 자연 현상이 어떻게 이렇게 일상에서 쉽게 일어나는 걸까?

물질의 상태가 변하는 현상을 **상전이** 또는 **상변화**라고 해. 그리고 관찰과 추측을 통해 이러한 상전이에 무엇이 영향을 미치는지 대략적으로나마 예상할 수 있어. 그것은 바로 **온도**와 **압력**이지. 자, 이제부터 상전이와 온도, 압력에 대해서 차례차례 살펴보자.

먼저 온도부터. 온도는 우리가 살아가는 데 가장 중요하고 직접적으로 영향을 받는 요인이라고 할 수 있어. 온도는 '물체의 차고 뜨거운 정도를 수량으로 나타낸 것'이라고 정의하는데, 여기에서 중요한 것! 바로 **열**과 **온도**를 혼동하지 않는 거야.

1장에서 살펴본 것과 같이 물질은 질량처럼 측정 가능한 특징 외에 에너지라는 양적인 요인을 가지고 있어. 에너지는 높은 곳에 있는 물체가 낮은 곳으로 떨어지면서 발생하는 위치 에너지부터, 발사한 총알이나 던진 공이 지속적으로 날아갈 수 있게 하는 운동 에너지 등이 있는데 상황에 따라 다양한 형태로 변형될 수 있어. 열은 물체가 자체적으로 가지고 있는 내부 에너지의 '변화'를 의미하기 때문에, 에너지의 이동(열의 이동), 에너지의 출입(열의 출입)처럼 이동까지 포함하는 넓은 범위의 개념이야.

추운 겨울날 온열기 앞에 서 있으면, 온열기로부터 우리 몸으로 에너지가 이동해서 몸이 따뜻해지는 것이 대표적인 열에너지 이동 현상이지. 그리고 열에너지가 이동해서 우리 몸이 따뜻해지는 결과가 바로, 물체가 가지고 있는 에너지 수준을 나타내는 온도인 거야. 예를 들어 몸이 왠지 아파서 이마를 짚어 보면 평소보다 뜨끈할 때가 있잖아. 이건 열이지. 이거 딱 감기다 싶어서 병원에 가면 체온계로 열을 재 보고 고열인지 아닌지를 측정하지. 이건 체온, 즉 몸의 온도인 거고.

약간 복잡하게 들리지? 그러니 옛날에는 오죽했겠니. 18세기 무렵까지만 해도 열과 온도라는 개념은 분리하기 어려웠어. 열과 온도를 명확하게 나눌 수 있게 된 것은 온도계가 발명되

면서 얻어진 결과야. 물체의 온도를 감각만으로 추측하는 것이
아니라 일정하게 수치로 읽을 수 있게 된 사건이 그 변환점이라
고 할 수 있지.

〓 상전이의 제1 공헌자, 온도 〓

자, 그럼 온도란 물체가 가지고 있는 차고 뜨거운 정도, 즉 에
너지라는 관점에서 물질의 상태를 다시 들여다보자.

분자들이 강한 인력으로 서로 단단하게 결합하고 있는 고체
상태의 물질이 있다고 쳐. 이때 온도를 높이면 이 물질이 가지
고 있는 내부 에너지가 올라갈 거야. 풍선에 계속 바람을 불어
넣으면 터져 버리고 마는 것처럼, 물질에 에너지가 쌓이면 어
떤 변화가 생길 수밖에 없어. 그렇다고 해서 물질이 파괴되거
나 사라지는 극단적인 결과가 생기기는 어렵기 때문에, 물질을
구성하는 분자들이 이 에너지를 가지고 보다 쉽게 움직이게 되
는 거야. 다시 말해 온도 상승으로 인해 생겨난 내부 열에너지
는 분자들 사이의 인력으로 생겨난 '결합'들을 끊어 내고, 그 결
과 분자들이 서로 떨어져 자유롭게 이동할 수 있지. 이런 과정

을 거쳐 고체보다 자유롭게 이동할 수 있는, 약한 결합으로 일부만 연결되어 있는 액체 상태로 상전이가 이루어지는 거야.

마찬가지로 액체 상태의 물질 온도가 올라가면, 물질의 내부 에너지는 더더욱 커지고, 결국 분자들이 아주 자유롭게 움직이며 인력으로 인한 결합이 형성될 수 없는 기체 상태로 다시 상전이가 일어나.

온도가 낮아지는 방향에 대해서도 같은 식으로 생각해 볼 수 있어. 기체 상태인 물질의 온도가 낮아지면 분자들이 점차 가까워지고 인력이 영향을 미치는 정도가 높아지면서 액체 상태로 상전이하고, 여기서 온도가 더 내려가면 고체 상태로 상전이하는 거지.

이와 같은 물질의 상태 변화를 각각 지칭하는 용어들이 있어. 고체가 액체로 상전이하는 현상은 **융해**, 반대로 액체가 고체로 상전이하는 현상을 **응고**라고 불러. 액체가 기체로 상전이할 때는 **기화**, 기체가 액체로 상전이할 때는 **액화**라고 하고. **승화**라는 현상도 있는데 고체가 기체로, 혹은 기체가 고체로, 액체라는 중간 단계를 거치지 않고 바로 상전이하는 현상을 가리켜. 아이스크림을 포장할 때 집에 가는 동안 녹지 말라고 박스 안에 드라이아이스를 넣어 주잖아? 이게 가장 흔히 관찰할 수 있는 승화의 예야. 고체 덩어리인 드라이아이스가 녹아 액체 상태로 바뀌는 과정 없이 바로 기체로 바뀌어 날아가는 것을 본 적 있지? 드라이아이스는 이산화탄소를 압축하고 냉각하여 만든 고체인데, 우리가 살아가는 일상적인 조건인 1기압의 상온 조건에서는 이산화탄소가 액체 상태로 존재할 수 없기 때문에 바로 기체로 승화하지. 이때 주위의 열을 빼앗아 온도를 낮추는 성질이 있어. 그래서 아이스크림 포장에 이용하는 거야.

그럼 40도인 물, 60도인 물처럼 온도는 다른데 액체라는 상태를 동일하게 유지하는 물질들, 그리고 목욕탕 사우나에서 경험할 수 있는 100도 수증기, 130도 수증기처럼 온도가 다르지만 상태는 같은 물질들에서는 어떤 변화가 일어날까?

상전이라는 현상은 온도가 조금 오르거나 내려간다고 일어나는 게 아니라, 우리가 관찰할 수 있는 물질 상태 자체가 바뀔만큼, 특정 온도에서의 내부 에너지 변화가 필요해. 그래서 상전이가 일어날 수 있는 온도보다 낮은 온도 범위에서 물질 상태는 동일하지만, 분자들은 내부 에너지를 발산하기 위해서 '운동'을 해. 빠르게 혹은 느리게 물질 속을 날아다니기도 하고(병진 운동), 빙글빙글 돌기도 하고(회전 운동), 부들부들 떨기도(진동 운동) 하지.

우리 눈에는 보이지 않지만 온도로 인해 분자들의 운동이 달라진다니 신기하지?

〓 느끼기는 어렵지만 늘 존재하는 압력 〓

온도 외에 상전이에 영향을 미치는 또 하나의 요인은 압력이야. 하지만 온도에 비해서는 비교적 체감이 어렵지. 평균적으로 섭씨 25도에 1기압이라는, 우리가 사는 환경(이를 보통 '표준 상태'라고 불러)에서 계절 변화나 가열 혹은 냉각을 통한 온도 변화는 흔하고 쉽게 관찰할 수 있어. 이에 비해 압력 조절은 실험실에서 장비를 사용하지 않는 한 어렵고. 하지만 압력 조절을 할 수만 있다면 물이 기화되어 수증기로 상전이해야 할 온도에서도 액체로 남아 있다거나, 물이 응고되어 얼음으로 바뀌어야 할 온도에서 물로 남아 있는 등 특수한 현상을 만들어 낼 수 있어. 이러한 현상 또한 압력이 분자들의 배열에 미치는 영향을 생각하면 쉽게 예상할 수 있지.

압력은 단위 면적에 작용하는 힘, 즉 어느 정도의 힘으로 표면을 누르느냐를 나타내는 물리량이야. 압력이 클수록 물질을 구성하는 분자들에 더 강한 힘이 작용해 촘촘하게 배열된다고 생각하면 돼.

기체 상태의 물질에 강한 압력이 작용하면, 분자들 간격이 액체 상태 정도 수준으로 좁게 배열될 수밖에 없으니 물질은 액화될 거야. 이때 온도와 압력은 독립적으로 작용할 수 있어. 온도 측면에서는 보다 자유로운 상태(고체<액체<기체)가 될 만한 조건이라 하더라도, 압력이 강하면 억제되거나 정도에 따라서 반대 상태로 상전이될 수 있다는 얘기야.

지금까지 살펴본 바와 같이 물질의 세 가지 상태는 주위 환경 조건에 따라서 자유롭거나 부자유스러운 상태로 상전이할 수 있는데, 온도와 압력이 여기에서 가장 큰 역할을 해. 이런 온도와 압력에 따른 물질의 상태 변화를 도표로 나타낼 수 있는데, 이를 **상평형 도표** 혹은 **상도표**라고 불러. 다양한 온도와 압력 조건에서 고체, 액체, 기체로 상태가 전이되는 경계를 표시하고, 이 선들이 한곳에 만나는 **삼중점**이 존재한다는 게 가장 큰 특징이지.

삼중점은 고체, 액체, 기체 상태로 존재하는 게 모두 가능하면서도, 아주 약간의 변화만으로도 상전이가 일어날 수 있는 매우 특이한 조건이라고 할 수 있어. 상도표를 참고하면 원하는 상태로 물질을 바꾸기 위해서 온도와 압력을 어떻게 조절해야 할지 알 수 있겠지?

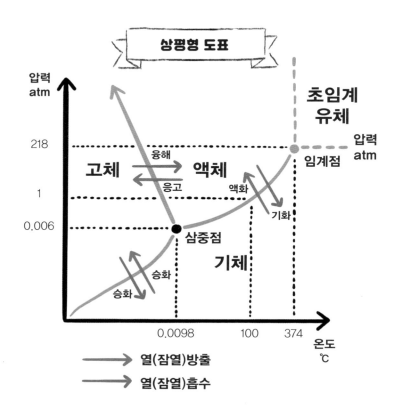

끈적끈적 풀렁풀렁 젤, 졸, 플라스마

여기까지 물질의 상태는 대표적으로 고체, 액체, 기체로 나뉘고, 상전이라는 과정을 통해 상태가 바뀌기도 한다고 설명했어. 그런데 세상의 모든 물질을 이 세 가지 상태만으로 구분할 수 있을까? 그럼 말랑말랑한 젤리나 푸딩 같은 음식은 무슨 상태라고 해야 하지? 형태가 있으니 고체 같기도 하지만, 집어 들면 기울어진 방향으로 휘거나 늘어나는 걸 보니 액체 같기도 한데 말이야. 이처럼 중간 상태, 혹은 완전히 다른 상태를 가진 특이한 경우를 크게 젤(gel), 졸(sol), 그리고 플라스마(plasma)라고 정의해.

젤은 방금 예로 든 젤리나 푸딩처럼 고체와 액체의 중간쯤 되는 물질로, 액체 분자들이 고체 분자들 속에 퍼져 있는 상태야. **졸**은 반대야. 고체 분자들이 액체 분자들 속에 퍼져 있는 상태인데, 그래서 액체의 특성에 조금 더 가까워. 약간 끈적끈적한 액체 상태와 비슷한 혈액, 잉크, 페인트 등이 그런 예지. 젤과 졸은 살펴본 바와 같이 한 가지 물질로 이루어진 게 아니라 상태가 다른 물질 두 종류가 균일하게 섞여 있어. 그래서 고체, 액체, 기체와는 다른, 중간적인 특성을 나타내는 물질 상태라고 정리할 수 있겠어.

　마지막으로 살펴볼 **플라스마**는 물질의 대표적 상태인 고체,
액체, 기체 외에 제4의 물질 상태라고 불리는 특별한 경우야.
온도가 상승하거나 압력이 감소하면 물질을 구성하는 분자들

사이의 간격이 커지고, 이로 인해 융해와 기화를 거쳐 고체가 기체까지 상전이한다는 거, 기억하지? 이 기체 상태에서 온도가 더 많이 올라가면, 단순히 뜨거운 기체로 존재하는 것이 아니라 물질의 구성 요소가 음전하를 띠는 전자와 양전하를 띠는

이온으로 분리되는데, 이 상태를 플라스마라고 해.

잠깐 앞에서 살펴본 원자의 기본 구조를 되짚어 보자. 원자 가운데에는 밀도 있게 뭉쳐진 원자핵이 있고 그 주위를 구름처럼 전자들이 감싸고 있다고 했었지. 여기서 무언가를 빼거나 더하자면 당연히 중앙에 자리 잡은 단단하고 밀도 높은 원자핵보다는 원자핵 주위를 감싸는 전자를 건드리는 게 훨씬 간단하겠지? 이처럼 원자나 분자에서 가장 바깥쪽에 자리 잡은 전자를 떼어 내거나 혹은 반대로 외부에서 전자를 집어넣을 수 있는데, 이렇게 생겨난 물질이 바로 이온이야. 음전하와 양전하의 개수가 같아서 전기적으로 중성을 띠는 원자에, 음전하 개수가 늘어나거나 줄어들어 이온이 형성되기 때문에, 이온은 전기적으로 양(+) 혹은 음(-)의 특성을 가지고 있어. 플라스마 역시 초고온으로 높은 내부 에너지를 갖기 때문에 가장 바깥쪽에 있는 전자가 밖으로 튀어나오면서 전자를 잃어버린 원자가 이온으로 바뀌어 형성되는 거야. 하지만 외부에서 관찰할 때는 함께 있던 분자에서 전자가 떨어져 나온 것이니 음과 양의 전하 수가 여전히 같아서 전기적으로 중성을 띠는, 하나의 물질 상태라고 볼 수 있어.

플라스마를 만들기 위해서는 생각보다 아주아주 높은, 수만

도나 되는 온도가 필요해. 그래서 일상생활에서 이 상태를 관찰하기는 어렵지만, 우주에서는 흔하게 일어난단다.

세상에 분포하는 100여 종의 원소들은 서로 결합하고 조합해서 수많은 물질을 만들고, 그 물질들은 가장 선호하고 안정적이라고 느끼는 상태로 존재해. 앞에서 살펴본 것처럼 물질의 상태에 영향을 미치는 대표적인 요인은 온도와 압력인데, 달리 말하면 물질을 표현하는 데 있어 온도와 압력이 아주 중요한 기준점이라고도 할 수 있지.

이 외에 물질을 설명하고 표현하는 중요한 단서들은 또 뭐가 있을까?

Chapter 04

물질의 상태를 측정하는
세 가지 기준

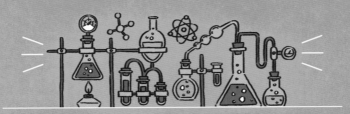

앞서 물질은 온도와 압력에 따라 각기 다른 상태로 존재할 수 있다는 중요한 사실을 배웠어. 이를 잘 이해한다면 무언가를 만들거나 사용하거나 다룰 때, 가능성을 판별하고 활용할 수 있을 거야. 특히 온도나 압력 같은 조건들은 인위적으로 조절할 수 있으니 원하는 상황에서 원하는 상태의 물질을 만들 수 있지. 그렇다면 이러한 조건을 조절하고 한정하는 기준은 무엇일까? 일상에서 사용하는 온도와 압력 표현부터 과학적인 기준까지 차근차근 알아보자.

온도를 표현해 보자

앞에서도 온도와 압력을 다루었지. 물질의 상태를 이해하는 데에도 중요하지만, 사실 일상생활에서 아주 중요한 요소야. 일기예보에서는 온도와 압력 변화를 하루에도 몇 번씩 알려 주는데 이것은 곧 온도와 압력 변화가 농작물, 야외 활동, 건강 등 다양한 측면에서 우리와 밀접한 관계가 있다는 뜻이지. 그래서인지 온도와 압력을 표현하는 기준이 다양하고, 나라와 문화, 또는 상황에 맞게 이 표현들을 환산하거나 혼용해서 사용하고 있어.

온도의 기준으로는 **섭씨온도**와 **화씨온도** 두 가지가 가장 널리 쓰여. 우리에게 친숙한 섭씨온도부터 알아보자. 일상적으로 쓰는 '몇 도'라는 표현은 이 섭씨온도가 기준이야. 기호는 ℃를 사용하고. C의 왼쪽에 있는 작은 동그라미는 각도를 표현하는 기호와 마찬가지로 어떠한 정도를 나타내는 '도(degree)'를 의미해. 대문자 C는 섭씨온도를 처음 제안한 사람의 이름 앞 글자에서 따온 기호고. 섭씨온도는 1742년 스웨덴의 천문학자인 안데르스 셀시우스(Anders Celsius)가 제안했는데, 처음에는 물이 얼음으로 응고하는 온도를 100도로, 수증기로 기화하는 온도를

0도로 설정했어. 하지만 온도의 높고 낮음을 표현하기에는 어색하다는 이유로 향후 수정해서, 현재 사용하는 것과 같이 얼음이 어는 온도를 0도, 물이 끓는 온도를 100도로 확정했지.

그럼 '섭씨'라고 하는 말은 어디서 왔을까? 우리나라에 서구 과학이 유입되었을 때는 이를 표현할 문자가 없어서 한자에 의존했어. 그래서 섭씨온도를 제안한 셀시우스를 중국 음역을 이용해 '섭이사(攝爾思)'라고 표기했지. 여기에서 유래하여 섭씨라고 부르게 된 거야. 사실상 섭씨온도는 우리나라를 포함해 세계 국가들 대다수가 사용하는 온도 단위라서, 일상적으로 사용하기에 제일 편리하지.

이름을 보아하니 화씨온도도 섭씨온도와 비슷한 유래로 정립된 온도 개념 같지? 화씨온도는 1724년 독일의 물리학자인 다니엘 가브리엘 파렌하이트(Daniel Gabriel Fahrenheit)가 제안한 척도야. 과거에는 영미권 여러 나라들이 사용했지만, 현재는 미국을 포함한 몇몇 나라만 사용하고 있지. 화씨온도의 기준은 섭씨보다 복잡한 편인데, 염화암모늄(NH_4Cl)과 얼음, 물을 1:1:1 비율로 섞어 평형에 도달했을 때의 온도(더 이상 온도 변화가 없는 안정한 상태의 온도)를 화씨 0도(섭씨 −18도)로, 얼음과 물을 섞었을 때 평형 상태를 이루는 온도를 화씨 32도로, 사람의 체온을 화씨 96도로 정했어. 이 기준을 정할 당시에는 인공적으로 도달할 수 있는 가장 낮은 온도가 염화암모늄과 얼음과 물을 혼합하는 조건이었기 때문이지. 기호는 °F야. 섭씨온도와 마찬가지로 대문자 F는 제안자의 이름 앞 글자에서 따왔고, '화씨'라는 용어는 파렌하이트의 한자 음차어인 '화륜해(華倫海)'로부터 유래했어.

화씨온도를 사용하는 나라가 극도로 줄어든 데에는 과학 발전이라는 배경이 있어. 지금은 인공적으로 아주 낮은 온도에 도달할 수 있기 때문에, 화씨온도보다는 섭씨온도를 쓰는 게 더 편하거든.

과거에는 문화권에 따라서 제각각인 척도를 독립적으로 사용했어. 섭씨와 화씨 외에도 란씨나 열씨 같은 기준들도 있었지. 이렇다 보니 만국 공통으로 사용할 수 있는 보다 과학적이고 정량적인 온도 척도가 필요해졌어. 그래서 다양한 물리량과 측정 기준들을 협의하기 위한 세계 기구인 '국제 도량형 위원회'가 **절대온도**라는 척도를 공표했단다. 그 기준으로 물의 상전이와 관련된 삼중점을 절대온도 273.16도로 설정하고, 열에너지가 있을 수 없는, 상상할 수 있는 가장 낮은 온도를 절대온도 0도로 정했어. 사실상 절대온도는 우리가 살고 있는 우주의 온도 범위를 표현하는 데 아무런 어려움이 없고, 빛이 닿지 않는 우주에서 가장 추운 곳도 1~3절대온도 정도라서 과학적으로 모든 현상과 상태를 표현하는 데 적합한 기준이 되었지. 절대온도는 다른 말로 **켈빈온도**라고도 하고 기호 K를 사용해서 표현해. 켈빈 역시 열에 대해 많은 업적을 남긴 영국의 과학자

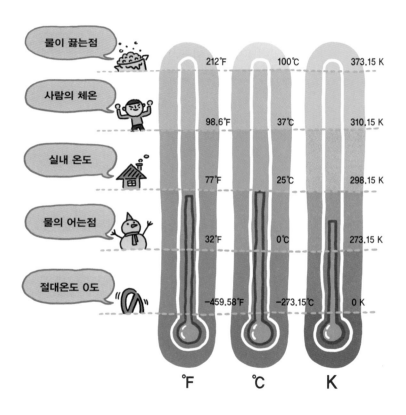

물이 끓는점	212℉	100℃	373.15 K
사람의 체온	98.6℉	37℃	310.15 K
실내 온도	77℉	25℃	298.15 K
물의 어는점	32℉	0℃	273.15 K
절대온도 0도	−459.58℉	−273.15℃	0 K

℉   ℃   K

제1대 켈빈 남작 윌리엄 톰슨(William Thomson, 1ˢᵗ Baron Kelvin) 을 기려 채택한 용어야. 섭씨온도나 화씨온도와의 차이점이라 면 정도를 나타내는 동그라미 기호 없이 알파벳 대문자 K만으 로 표현한다는 데 있지.

절대온도는 과학적인 조건을 설명하는 데 가장 적합한 척도 라서 물리, 화학을 비롯한 여러 자연과학 분야에서 널리 사용 하고 있어. 하지만 일상적으로 얼마나 따뜻하고 차가운지를 표 현하기에는 수가 높아서 혼란이 올 수도 있기 때문에 많이 사 용하진 않아. 그렇긴 해도 우리가 지금까지 살펴보았고 앞으로 공부할, 물질에 대한 다양한 사실들에 과학적 접근을 하려면 이 절대온도를 필수적으로 사용해야 한다는 걸 잊지 말자고!

압력을 측정해 보자

압력은 '단위 면적당 수직으로 가해지는 힘'으로 정의한단다. 지금까지 우리는 압력이 물질의 상태에 어떤 영향을 미치는지, 분자의 관점에서 살펴보았어. 압력 역시 온도처럼 매우 다양한 척도로 측정해. 일기예보나 다큐멘터리에서 기압이나 파스칼

같은 말을 들어 본 적 있지? 역시 압력을 측정하는 척도야. 여기서는 압력을 측정하는 다양한 단위들 중 과학과 관계 깊은 것들을 정리해 보자.

가장 일상적이고 편리하게 사용하는 압력 단위는 **기압**이야. 말 그대로 공기의 압력을 나타내기 때문에 지구의 대기를 의미하는 atmosphere에서 딴 atm이라는 기호를 사용하지. 고도의 기준인 해수면 근처의 대기압을 1atm으로 정했어. 과거에는 이러한 기압을 정확히 측정하기 어려웠겠지? 그래서 액체 상태지만 무거워서 다루기 편한 수은을 이용했어. 유리관 속 수은 기둥 높이(mm)로 대기압을 측정하고 표현하는 mmHg(밀리미터수은주)라는 단위를 만들어서 널리 사용하고 있지. 유리관 속 수은 기둥 높이를 측정하는 길이 단위인 밀리미터(mm)와 수은의 원소 기호인 Hg를 합성해서 만든 기호야. 앞서 말했던 1atm를 환산하면 760mmHg와 같아. 이 둘을 편리하게 환산하기 위해서 토르(torr)라는 척도를 만들었는데 1torr는 1mmHg와 같고.

그런데 온도에서의 절대온도와 같이 기압 척도에도 과학적인 기준이 필요했어. 그래서 만든 단위가 바로 파스칼(Pa)이야. 파스칼은 프랑스의 과학자 블레즈 파스칼(Blaise Pascal)의 이름에서 따온 기호로, 1제곱미터 면적에 1뉴턴(N)의 힘이 가해지는

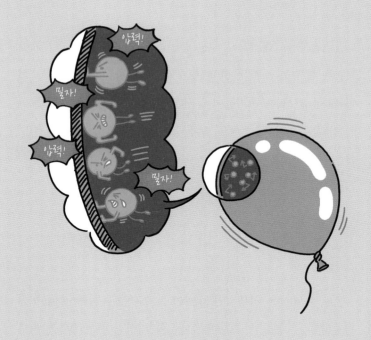

것을 기압의 기준으로 정의했어. 일기예보에서 고기압, 저기압 또는 태풍의 압력을 설명할 때 '헥토파스칼'이라는 말을 많이 쓰잖아. 이는 10의 제곱(=100)을 의미하는 헥토(h)라는 접두어가 파스칼과 함께 쓰인 경우야. 압력에서도 완전한 진공 상태를 압력 0으로 기준 삼은 절대압력이라는 개념이 있기는 한데, 우리가 생활하고, 연구하고, 무언가 만들어 내는 모든 공간은 완전한 진공이 아니잖아. 그래서 위에서 언급한 다양한 압력 척도들을 편의에 따라 변환해서 사용하고 있어.

압력은 지구 대기가 우리를 누르는 힘이 아니어도, 기체 분자들이 존재하고 있는 한 언제나 작용해. 풍선 불기가 대표적인 예지. 풍선 속 공기들이 풍선 안쪽 면에 충돌하는 힘으로부터 압력이 생겨나고, 이로 인해 공기가 들어간 풍선은 부푼 모양을 유지하거든.

농도를 나타내 보자

온도와 압력은 외부적인 요인이긴 하지만 물질의 상태를 결정짓는 아주 중요한 요소이기 때문에 다양한 측면에서 살펴보았어. 물질의 상태가 결정되었다면 이제 추가적인 정보를 파악해야겠지. 무엇이 가장 중요한 정보일까? 바로 이제부터 살펴볼 **농도**야. 공기가 다양한 기체들이 섞여 있는 균질 혼합물이듯, 우리는 몇 가지 물질들이 뒤섞여 있는 혼합물을 주로 접하며 살고 있어. 그래서 어떤 물질이 다른 물질과 함께 있을 때 얼마나 진하게 혹은 묽은 상태로 존재하느냐를 밝혀야 정확한 정보를 전달할 수 있지. 그래서 정의한 개념이 농도야.

농도를 알아보기에 앞서 몇 가지 순수한 물질이 혼합되어 있는 **용액**이라는 개념에 대해서 살펴보자. 용액이라고 하면 액체 상태를 떠올리기 쉬운데, 용액은 모든 물질의 상태를 가리킬 수 있어. 단, 물질들이 서로 다른 상태로 분리되어 있지 않고 균일하게 혼합되어 있는 상태여야 하지.

용액(solution)은 용질(solute)과 용매(solvent)가 섞여 있는 상태인데, 두 물질의 종류에 따라 용매가 되는 물질, 용질이 되는 물질이 달라지니 정확히 기억해 두는 게 좋아. 고체와 고체 또는 액체와 액체처럼 두 물질의 상태가 동일하면 양이 많은 쪽을 용매, 양이 적은 쪽을 용질이라고 해. 반대로 두 물질의 상태가 다르면 섞여서 나온 물질의 상과 유사한 쪽을 용매, 나머지를 용질이라고 정의하지. 예를 들어, 물 50밀리리터와 꿀 100밀리리터를 섞어 용액을 만들면 꿀이 용매, 물이 용질이야. 물 50밀리리터에 소금 100밀리그램이 녹아 소금물 용액을 만들 때는 물이 용매, 소금이 용질이고. 그런데 이렇게 소금물을 만들고 나서 관찰한다면, 액체 상태로 존재하는 물질이라는 사실 외에는 알 수 있는 정보가 전혀 없잖아. 그래서 이 액체 상태로 보이는 물질에 소금이 얼마나 많이 들어 있는지를 표현하기 위해 농도라는 개념이 등장했어.

농도를 측정하는 데도 다양한 척도가 있어. 가장 널리 사용하

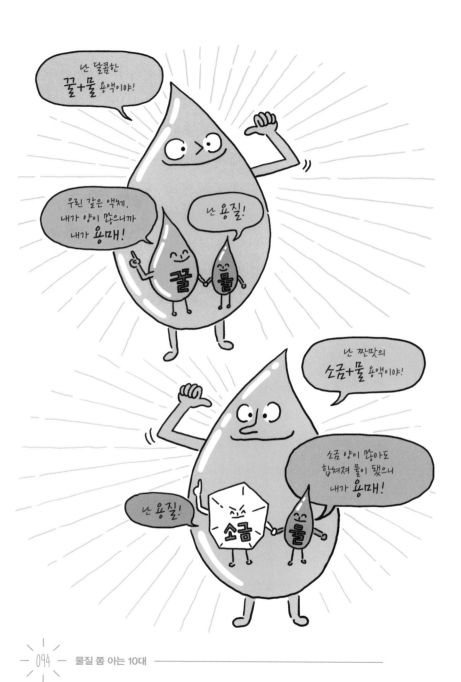

는 건 **퍼센트 농도**, 과학에서 주로 사용하는 건 **몰 농도**, 그리고 **몰랄 농도**가 있지. 알아 두면 물질에 대한 특성을 파악하는 데 많은 도움이 될 거야.

농도란 용액 속에 존재하는 용질의 비율을 파악하기 위한 표현이기 때문에, 전체 용액의 양 혹은 개수에 용질이 차지하는 비율을 나타내서 얼마나 진하고 묽은지를 파악해.

퍼센트 농도는 전체 용액 속에 존재하는 용질의 양을 측정할 수 있는 두 가지 요소인 질량과 부피를 기준으로 비율을 나타내는 방식이야. 음료수나 과자의 성분 표시를 보면 "사과과즙 몇 퍼센트, 바나나향 엑기스 몇 퍼센트"같이 구성물과 퍼센트가 나란히 적혀 있지? 이게 농도 표현법 중 가장 대표적인 **질량 퍼센트 농도**야. 전체 용액 질량 중 용질 질량이 차지하는 비율을 백분율로 나타낸 것이지. 주로 두 물질의 상태가 달라서 일관성 있게 비교하기 어려운 용액(예를 들어, 주스나 소금물 등)의 농도를 표현할 때 활용하고 있어.

전체 용액의 부피 중 용질의 부피가 차지하는 비율을 백분율로 나타낸 **부피 퍼센트 농도**라는 것도 있어. 고체와 고체, 액체와 액체, 또는 기체와 기체처럼 상태가 동일한 물질이 섞인 용액의 경우에 많이 사용해. 각자 부피를 갖고 있어서 혼합했을 때 비율을 나타내기 용이하거든.

위의 퍼센트 농도들은 물질에 따라서 구성하는 분자 형태나 크기, 또는 분자를 이루는 원자 종류나 개수가 천차만별이야. 과학에서는 보다 직관적으로 비교할 수 있는 기준이 필요하지. 그래서 과학자들은 측정하기는 편하지만 직접적으로 비교하기 힘든 질량이나 부피보다는, 물질을 이루는 분자의 '개수'에 관심을 갖고 새로운 농도 기준을 만들어 내기에 이르렀어. 이렇게 만들어진 게 바로 몰 농도와 몰랄 농도야.

몰 농도와 몰랄 농도에는 같은 글자가 들어 있지? 우리 귀에 생소한 '몰'이라는 글자가 있네. 몰(mol)은 과학에서 사용하는 단어인데, 복잡하게 생각할 필요 없어. 그냥 개수를 표현하는 새로운 방법이라고 기억하면 이해하기 쉽단다. 개수를 셀 때 다양한 단위를 활용하잖아. 연필 12자루는 1다스라고 하고, 생선 2마리는 1손, 20마리는 1두름이라고 하는 것처럼 말이야. 마찬가지로 물질을 이루는 분자 개수를 표현하기 위해 몰이라는 단위를 만든 거야. 그런데 얼핏 생각하기에도 원자나 분자는 너무너무 크기가 작으니 물질을 이루는 개수 또한 상상하기 힘들 만큼 많을 것 같지 않아? 맞아. 몰은 6.02×10^{23}을 의미하는데, 계산해 보면 602,000,000,000,000,000,000,000나 되는 어마어마한 숫자야.

　물질을 이루는 분자 개수를 몰 수로 구해서 용액의 부피(L)로 나누면 몰 농도를 계산할 수 있어. 그리고 용매의 질량(kg)으로 나누면 몰랄 농도고. 둘이 비슷해 보이는데 왜 몰 농도와 몰랄 농도를 따로 사용할까? 모든 물질은 온도가 높아지면 늘어나기 (팽창) 때문에, 용액도 부피가 변할 수 있거든. 그래서 온도에 좌우되지 않는 질량으로 표현하고자 몰랄 농도를 만든 거야. 물론 분야에 따라 사용하는 경우가 다르고, 그 시점부터 물질의 특성에 대해 제대로 이해해야겠지.

　이렇게 온도, 압력, 그리고 농도라는 물질을 표현하는 정보들이 어떻게 발전해 왔는지 상세하게 살펴봤어. 이제부터는 지금까지 이해한 정보와 지식을 바탕으로 물질의 특성을 과학적으로 관찰해 보자!

Chapter 05

물질이 끓거나
얼거나 녹을 때

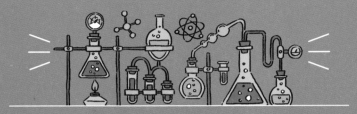

　　온도와 압력에 따라 물질이 고체, 액체, 기체로 존재하고, 상황에 맞게 상태가 바뀌는 상전이가 일어난다고 했지. 그런데 이런 현상들을 조금 더 과학적으로, 멋지게 정리해 볼 수는 없을까? 상전이 현상은 물의 기화나 응결로 자주 관찰할 수 있는데, 우리는 이러한 현상을 물이 '끓는다' 혹은 물이 '언다'라고 표현하지. 그리고 물이 끓어서 기화하는 현상 외에 컵에 담긴 물이 시간이 지나면 점점 줄어드는 증발 현상 또한 흔히 관찰할 수 있어. 증발은 기화와 무엇이 다를까? 또 기화나 응결을 어떻게 과학적으로 이해해 볼 수 있을까?

증발, 기화, 끓는점

액체가 기체로 상전이하는 현상은 기화뿐만 아니라 증발이라는 현상으로도 일어나. 두 상전이 과정을 제대로 이해하려면 새로운 개념에 대해서 살펴봐야 하지. 흥미롭게도 압력으로 이 현상들을 설명할 수 있어.

물질 상태에 영향을 미치거나 추가적인 정보를 주는 특성들에는 온도, 압력, 농도가 있는데 온도와 농도에는 특정한 방향이 없어. 물론 뜨거운 곳에서 차가운 곳으로 열이 이동한다거나, 높은 농도에서 낮은 농도로 용질이 이동하는 등 물질의 이동은 있지. 하지만 온도와 농도 자체는 방향이 없어. 섭씨 30도, 10퍼센트 소금물 같은 정보들이 왼쪽, 오른쪽, 혹은 위아래로 방향성을 가지고 이동한다? 상상도 안 되지? 온도와 농도는 상태를 설명하는 정보라서 그래. 하지만 압력은 좀 다르지.

압력의 정의를 되새겨 보자. 압력은 단위 면적에 작용하는 힘이라고 했어. 어떤 면적을 누르는 방향으로 실질적인 힘이 작용하기 때문에 방향성이라는 것이 존재하지. 그럼 압력에 방향성이 유지되는 것은 왜일까? 양쪽 손바닥을 맞대고 비슷한 힘으로 밀어 보자. 그러면 분명 손바닥에 누르는 힘은 느껴지지만 손은 같은 자리에 머물러 있잖아. 이처럼 서로 반대 방향으로 작용하는 압력은 방향성이 상쇄되어 상태를 유지해. 이러한 평형 상태가 물질의 상전이를 좌우하는 가장 큰 기준이라고 할 수 있지.

우리가 살고 있는 지구를 생각해 보자. 분명 우리는 압력을 받고 있어. 지구를 둘러싸고 있는 두터운 공기층인 대기가 지구 표면을 누르는 힘인 압력을 형성하지. 이를 1기압(atm)만큼의 대기압이라고 해. 압력은 액체가 공기와 맞닿아 있는 경계면에도 고르게 작용하는데, 누르는 압력으로 인해서 액체를 구성하는 분자들이 서로 가깝게 자리 잡고 액체 상태를 유지할 수 있게 된다는 사실, 기억나지? 하지만 아무리 대기압이 누르고 있다 해도 약간의 액체 분자들은 이 얽매임에서 벗어나, 보다 자유로운 기체 상태로 날아가기도 해. 이 현상을 증발이라고 하지. 액체 경계 면 외부에 빈 공간이 많을수록(또는 대기 속 기체 분자의 농도가 낮을수록) 더 많은 양의 액체 분자가 증발하여 상전이해서 자리 잡을 수 있기 때문에, 증발은 외부에서 누르는 압력이 낮을수록 활발하게 일어나.

그럼 증발은 어떠한 한계점도 없이 계속해서 일어날까? 이를 이해하고 설명하기 위해 증발해서 생성된 증기의 양을 예측할 수 있는 **증기압**이라는 새로운 개념이 탄생했어. 뚜껑이 꽉 닫혀 있는 밀폐된 통 속에 액체를 담고 공기를 모두 제거한 상태로 놔뒀다고 생각해 보자. 통 속에는 기체가 없으니 많은 공간이 있을 테고 외부에서 액체 경계 면으로 작용하는 압력은 전혀 없는 상태겠지. 그럼 이 공간을 채우기 위해서 액체가 저절로 상전이하는 증발 현상이 일어날 거야. 액체가 기체 상태로 튀어나오려 하는 압력과, 이미 증발해 증기가 된 기체들이 경계 면을 누르는 압력이 똑같아져서 더 이상 변화가 일어나지 않는 상태까지 증발은 계속 진행되겠지. 더 이상 증발이 관찰되지 않는 이때 측정한 압력이 바로 물질의 증기압이야.

온도에 따라서 물질을 구성하는 분자들이 높은 에너지를 갖고 빠르게 움직일 수도 있다는 사실을 공부했잖아. 이처럼 증기압은 온도가 높을수록 더 활발하게 나타나. 하지만 아무리 증발이 더 이상 일어나지 않는 평형 상태가 되었다고 하더라도, 우리 눈에는 보이지 않지만 작은 분자들 세계에서는 상전이가 끝없이 일어나고 있어. 단, 하나의 액체 분자가 기체 상태로 바뀔 때, 경계 면 위에 있던 하나의 기체 분자가 다시 액체 상태로 변하는 과정이 동시에 여기저기서 일어나기 때문에, 액체 양이 줄거나 늘어나는 것을 눈으로 볼 수 없을 뿐이지. 이처럼 아주 활동적인 작용이 일어나고 있지만 관찰상으로는 더 이상 변화가 없는 평형 상태를 동적 평형이라고 해.

그럼 뚜껑이 없는 컵에 담은 물은 왜 계속 증발해서 마침내 텅 빈 컵만 남는 걸까? 이건 뚜껑이 없어 물이 매우 넓은 대기 공간으로 노출되어 있기 때문에, 증기압과 대기압의 평형이 이루어지지 않아서야. 그래서 계속 증발이 일어나는 거지. 액체가 증발하기 위해서는 분자들이 기화해서 자리 잡을 수 있는 충분한 공간이 필요하거든. 쉽게 찾아볼 수 있는 또 다른 예가 있어. 건조한 날에는 공기 중에 물 분자가 거의 없기 때문에 빨래가 잘 마르고, 습한 날에는 물 분자가 이미 공기 중에서 자리를 많이 차지하고 있어서 빨래가 잘 마르지 않아. 하지만 습한 날이라도 온도를 올리면 물의 증기압이 더 높아지니까(공기 중에 더 많은 물 분자가 있을 수 있기 때문에) 빨래가 빨리 마르지.

그런데 끓는 것도 증발과 마찬가지로 액체가 기체로 상전이하며 양이 줄어드는 현상 같잖아. 둘이 다른 점이 있다면 무엇일까? 평소에 사소하게 넘겼을 테지만 증발과 끓음이 일어날 때의 차이점을 떠올려 보면 알 수 있어. 냄비에 물을 넣고 가열하면 용기 벽면과 바닥에서부터 공기 방울이 생겨나고, 이 기포들이 액체와 기체의 경계 면으로 떠오르면서 격렬하게 기화

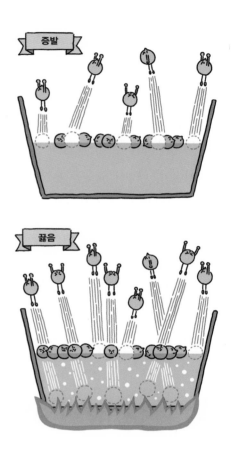

하지. 이에 반해서 컵에 떠 둔 물은 아무 움직임 없이 조용하게 시간이 흐르면서 양이 줄어들고. 별것 아닌 듯한 이 차이점이 증발과 끓음을 가장 잘 설명하는 현상이야.

액체를 구성하는 분자를 생각해 보자. 액체 내부에 있는 분자는 사방에서 다른 분자들과 상호작용하면서 강하게 결합되어 있지만, 기체와 경계 면에 있는 분자는 상호작용 없이 위쪽에 노출되어 있기 때문에 비교적 결합이 약하겠지. 증발은 액체와 기체의 경계 면에 있는 분자들이 조금씩 공기 중으로 날아가는 조용한 상전이 과정이야. 반면에 끓음은 온도를 충분히 올려주어서 덩달아 액체 분자의 에너지가 상승하고, 액체 내부에서 공기 중으로 분자가 기화되어 날아가. 이렇게 전체적으로 많은 기포와 함께 격렬한 반응이 일어나지. 끓음이 일어날 수 있는 온도는 액체마다 정해져 있는데, 그 온도를 **끓는점**이라고 해.

끓는점은 액체의 증기압이 외부 대기가 누르는 압력인 기압과 같아지는 순간이라고 말할 수 있어. 또한 물의 끓는점이 1기압에서 섭씨 100도라고 하는 것은 결국 100도에서 물의 증기압이 1기압이 돼서 액체 속 분자가 자유롭게 튀어나온다는 사실과 연결되지. 이를 토대로 높은 산에서는 밥이 설익는 것도 설명할 수 있어. 산에서는 낮은 지대보다 대기의 두께가 얇아서 기압이 1기압보다 낮아. 그러니 100도보다 낮은 온도에서 물이 끓기 시작해서 액체 분자가 튀어나올 수 있어. 그래서 밥이 설익는 거지. 높은 고도에서 밥을 지을 때 솥뚜껑 위에 돌을

올려 두는 것은 압력을 더 많이 가해서 물이 요리하기 충분한 높은 온도에서 끓도록 하는 지혜인 거야.

≳ 어는점이거나 녹는점이거나 ≲

이번에는 액체가 고체로 상전이하는 순간을 살펴보자. 기화도 끓는점에 도달해야만 격렬하고 빠르게 일어난다고 했지? 마찬가지로 액체를 아무리 낮은 온도의 냉동실에 넣어 둔다 해도 응결이 일어나기까지는 시간이 필요해. **어는점**까지 액체의 온도가 내려가는 데 시간이 필요한 거야. 비교적 움직임이 자유로운 액체 분자들이 고체 결정을 형성할 만큼 강하고 견고한 상호작용을 얻기 위해서는, 가지고 있는 에너지를 많이 잃어버려야 해. 온도가 점점 낮아지며 고체 상태의 분자들에 적합한 에너지 수준으로 변하고, 고체 상태로 상전이하기에 충분한 시점이 되었을 때의 온도가 바로 어는점이야. 액체가 얼기 시작하는 온도를 말하지.

하지만 어는점이라는 용어보다는 **녹는점**에 더 의미를 두곤 해. 물론 물이 얼어 얼음이 되는 온도나, 얼음이 녹아 물이 되는 온도나, 둘 다 자유로운 상전이가 가능한 동일한 온도라고 할 수 있어. 어는점과 녹는점은 같은 지점이라는 얘기야. 하지만 지금 말한 것처럼 사람들은 어는점보다는 녹는점에 더 정확성과 의미를 부여하지. 왜냐하면 **과냉각**이라는 오묘한 상태가 존재하기 때문이야.

과냉각은 단어에서 느껴지듯이 어느 정도를 넘어선 냉각 상태를 의미하는데, 온도가 낮아짐에 따라 서서히 상전이가 일어나 고체 상태로 변환되는 것이 아니라, 급격한 냉각으로 인해서 어는점보다도 온도는 낮지만 여전히 액체인 상태를 의미해. 얼핏 생각하기에도 매우 불안정한 상태 같지? 실제로 과냉각 상태에 있는 물질은 가벼운 충격이 가해지면 순식간에 얼어붙곤 해. 과냉각은 독특한 현상이라서 흔하게 관찰할 수 없을 것 같겠지만, 사실 아주 쉽게 볼 수 있어. 영하의 추운 겨울날, 지상보다 온도가 낮은 높은 하늘 위에 떠 있는 구름은 물방울로 이루어져 있어. 그렇다면 대체 어떻게 떠 있는 걸까? 구름을 이루는 물방울은 과냉각 상태라 섭씨 약 −38.5도까지도 액체 상태로 존재할 수 있어.

이런 예가 있기 때문에 액체가 고체로 상태를 바꾸는 지점을 상전이의 척도, 즉 어는점으로 부르며 기준을 삼기에는 애매한

부분이 있어. 그래서 정반대의 상전이가 발생하지만 같은 지점을 말하는 녹는점을 상전이 온도를 정의하는 기준으로 사용하고 있지.

〓 용액의 끓는점과 어는점 〓

지금까지 끓는점과 어는점(혹은 녹는점)에 대해 알아보았어. 예시로 순수한 물질, 그중에서도 가장 일반적인 물을 주로 살펴보았고. 하지만 알다시피 우리는 물 같은 순물질보다는 무언가가 녹아 있는 균일 혼합물인 용액을 더 널리 사용하고 있어. 그렇다면 용액의 끓는점과 어는점도 순물질처럼 단순하게 정리할 수 있을까?

결론부터 말하자면 용액의 끓는점은 순수한 용매의 끓는점보다 더 높아. 액체가 기화하는 증발과 끓음이란 액체를 이루는 분자들이 기체 상태의 공간으로 튀어 나가는 거라고 앞에서 설명했지. 그럼 용액과 순수한 용매 중 어느 쪽 액체 분자들이 더 손쉽게 튀어 나갈 수 있을지 상상해 보자. 어느 정도는 논리적으로 예상할 수 있을 거야.

예를 들어, 액체와 기체가 맞닿아 있는 경계 면에 100개의 액체 분자가 위치하고 있다고 생각해 보자. 순수한 용매라면 이 100개의 자리 모두에서 액체 분자들이 기체로 상전이할 수 있는 동등한 기회를 갖는다고 볼 수 있겠지. 하지만 용액은 좀 달라. 용매 속에 녹아 있는 용질 분자들이 100개의 자리 중 일부를 차지하고 있을 테니까. 그러니 액체 분자들이 기체로 상전이할 수 있는 기회는 줄고, 증발이 더 느리게 일어날 수밖에 없지. 이러한 작용은 끓음에도 유사하게 나타나. 용액이 기화하려면 순수한 용매보다 끓는점이 더 높아야 해. 즉 에너지를 더 많이 가해야 분자들이 상전이할 수 있는 거지. 상전이가 일어날 수 있는 자리를 용질 분자들이 얼마나 많이 차지하고 있느냐에 따라 끓는점이 달라질 거야. 그러니 용액의 경우에는 온도, 압력과 더불어 농도까지 상전이에 중요한 역할을 한다고 결론지을 수 있겠지. 이러한 현상을 흔히 **끓는점 오름**이라고 해. 분식집에서 라면을 끓여 줄 때, 물에 수프를 먼저 넣고 가열해 더 높은 온도에서 빠르게 익히는 것이 바로 이 현상을 응용한 거야.

어는점도 비슷해. 용액에 용질 분자들이 함께 있으면 끓는점 오름과 같은 원리로 어는점 역시 순수한 용매일 때보다 더 많은 에너지 변화가 요구되는 저온 방향으로 변해. 추운 겨울날 개울이나 강물이 얼어붙은 풍경은 흔히 볼 수 있지만 바다가 얼어붙은 건 거의 본 적이 없지? 순수한 용매인 물에 가까운 민물의 어는점보다 소금을 비롯한 여러 물질들이 녹아 있는 바닷물의 어는점이 더 낮기 때문에 일어나는 현상이야.

겨울철 눈이나 얼음이 쌓여서 미끄러워진 길 위에 하얀색 알갱이를 뿌리는 걸 본 적 있니? 이 알갱이는 염화칼슘이라는 물질인데 녹는점을 낮춰서 액체 상태로 빠르게 전이하도록 도와줘. 이렇게 어는점이 내려가는 현상을 **어는점 내림**이라고 하지. 화학 반응을 도로 정비에 활용하는 거야.

지금까지 살펴본 것처럼 여러 가지 현상을 주의 깊게 관찰함으로써 상전이를 발견할 수도 있고, 그 과정을 곰곰이 생각해 보면서 물질의 상전이가 일어나는 원인과 결과를 예상해 볼 수도 있어. 이론적으로 생각하고 배워 온 순수한 물질과는 또 다르게, 용액 같은 실용적인 물질들은 그 나름의 특징을 갖고 있어. 이 특성들을 이해하고 조절하는 것이 과학적으로 물질을 다루는 시작점이라고도 할 수 있을 거야.

어때? 보면 볼수록 물질이 우리 주위 구석구석에서 알게 모르게 중요한 작용을 하고 있다는 게 느껴지지 않니?

Chapter 06

이렇게 매력적인
화학 반응

　　잠깐 여기까지 배운 것을 정리해 보자. 물질의 다양한 특성들은 물질을 구성하는 원소의 종류와 배열에 따라서 다르게 결정되지만, 물질의 상태는 온도, 압력, 농도 등 여러 요인들에 의해서 좌우된다는 것을 알 수 있었어. 물질을 이루는 원자 혹은 분자에 다양한 요인들이 영향을 미치고, 이렇게 영향을 받은 분자 혹은 원자가 얼마나 많이 존재하느냐는 무시할 수 없는 중요한 정보가 될 거야. 그런데 여기에 큰 문제가 있어. 원자나 분자는 너무 작고 셀 수 없이 많은 입자들이라서 연필이나 사과 개수를 세듯 간단히 확인하고 표현하기 어렵다는 거야. 이 장에서는 원자 또는 분자의 개수를 어떻게 헤아리는지 같이 살펴보자.

아보가드로수

몸무게 70킬로그램인 사람 몸에는 얼마나 많은 원자가 있을까? 놀라지 마. 자그마치 6,710,000,000,000,000,000,000,000,000,000개래!(0이 무려 25개야!) 어떻게 이렇게 어마어마한 개수를 측정한 걸까? 여기에서 몰이라는 수의 단위가 다시 등장해. 앞의 원자 개수는 사람의 몸을 이루는 물질의 몰 수에 아보가드로수를 곱한 결과야.

아보가드로(Avogadro)는 뒤에서 다시 등장할 텐데, 아보가드로의 법칙이라는, 화학사에서 매우 중요한 발견을 한 이탈리아의 과학자야. 아보가드로의 법칙이란 0℃ 1기압이라는 조건에서 22.4리터에 들어 있는 기체 분자 수는 기체 종류와 관계없이 모두 6.02×10^{23}개, 즉 1몰 개라는 내용을 담고 있지. 실제로 아보가드로수를 측정해 낸 건 로슈미트(Loschmidt)라는 오스트리아의 과학자지만, 대단히 중요한 발견을 한 아보가드로를 기려 그의 이름을 붙였다고 해.

아보가드로수는 간단히 말해서 1몰 속에 있는 입자의 개수야. 여기에는 원자, 이온, 분자가 모두 적용되지. 그리고 1몰은 탄소 12그램을 이루는 탄소 원자 개수야. 여기서 왜 갑자기 탄소가 등장하냐고?

단위를 만들려면 뭔가 기준이 필요했을 거 아니니. 그런데 탄소가 여기에 딱 어울렸어. 왜냐하면 탄소는 동식물뿐 아니라 지각에도 아주 풍부하게 존재하고, 무언가를 태웠을 때 남는 재의 주성분이기도 하거든. 매우 안정적이고 분석하기 쉬운 대상이었던 거야. 그래서 탄소 원자의 질량이 정확히 12그램일 때 탄소 원자 개수를 세 보았더니 6.02×10^{23}개였고, 이를 1몰로 정했어. 연필 12자루를 1다스라는 단위 묶음으로 세는 것처럼, 원자 6.02×10^{23}개를 1몰이라는 단위 묶음으로 정한 거지.

이렇게 시작된 아보가드로수는 말 그대로 너무나도 많은 개수를 편하게 표현하기 위해 몰이라는 단위와 함께 설정한 최초의 원자 개수 표현법이라고 이해하는 것이 간편해. 이후 원자만이 아니라 이온, 분자 등 어떤 입자든 개수를 셀 때는 아보가드로수를 사용하게 되었지. 아보가드로수는 외부 조건이 달라져도 변하지 않아. 너무너무 많은 수를 편하게 표현하기 위해 설정한 단위니까 당연히 어떤 조건에서도 수가 움직이면 안 되겠지.

자, 복잡하니까 한 번 더 정리해 보자. 1몰에 해당하는 물질의 입자 개수는 아보가드로수, 즉 6.02×10^{23}이야. 1몰은 탄소

12그램이 모였을 때 탄소 원자 개수로 시작했고.

그런데 탄소 1몰이든, 다른 원소의 1몰이든 1몰에 속하는 입자 개수가 같다는 건 어떻게 확신할 수 있었을까? 안 그래도 이러한 단위의 정확성과 신뢰성을 검증하기 위해서 옛날부터 다양한 실험들을 해 왔어. 대표적인 예가 방사성 원소라고 불리는 라듐이 붕괴될 때 튀어나오는 헬륨 원자 생성량을 측정하는 방법이지. 듣기만 해도 복잡하지? 어쨌든 이러한 실험들로 확인해 보았더니 탄소 질량을 기준으로 삼아 계산한 아보가드로수가 다른 원자들에도 꼭 들어맞았어. 그러니 지금까지도 사람들이 기준으로 삼고 있는 거겠지.

〓 기체 반응의 법칙과 화학 반응식 〓

이렇게 어마어마한 원자 개수를 세거나 정리해야만 했던 이유가 있었을까? 물질 속에 몇 개나 되는 원자나 분자가 있을지 궁금하기는 하지만, 꼭 알아야 할 것 같지는 않은데 말이야.

여기까지 살펴본 물질에 대한 정보들은 각각의 물질이 어떠한 상태로, 어떠한 특성을 가지고 존재하는지에 대한 표면적인 확인이라고 할 수 있어. 그런데 요리할 때 다양한 재료를 넣어 훌륭한 요리를 만들 수 있듯이, 물질 또한 여러 가지로 조합해서 아주 새롭고 독특한 물질을 만들어 낼 수 있다는 특징이 있어. 이러한 물질의 변신을 **화학 반응**이라고 해. 처음엔 실험실에서나 일어날 일 같기도 하고, 다소 어렵게 느껴질 수도 있을 거야. 화학 반응은 수학에서 사용하는 수식을 모사해서 식으로 만들 수 있어. 이걸 **화학 반응식**이라고 하는데 한번 살펴보면 생각보다 간단하다고 느낄 거야.

지구에서 가장 풍부한 물질 중 하나인 물(H_2O)이 만들어지는 다양한 방법들 중, 제일 근본적인 반응식을 생각해 보자. 물의 화학식인 H_2O를 보면 알 수 있듯이 한 분자의 물이 만들어지기 위해서는 수소 원자 2개와 산소 원자 1개가 필요해. 이걸 수학에서 사용하는 등식으로 표현하면 아래와 같아.

$$2H + O = H_2O$$

어때? 알파벳으로 쓰인 원소 기호를 미지수라고 생각하면, 단순히 개수를 세는 것만으로도 쉽게 화학 반응식을 완성할 수 있을 것 같지 않아? 이와 같은 법칙을 수소와 산소 기체의 반응을 통해 실험하여 연구하던 게이뤼삭이라는 과학자가 있었어. 프랑스의 과학자인 게이뤼삭(Gay-Lussac)은 수소 기체 2리터를 사용해 수증기를 만들 때 산소 기체가 얼마나 필요한지 측정해 보았더니, 정확히 1리터가 필요하다는 사실을 알았어. 그리고 그때 얻을 수 있는 수증기의 양은 수소 기체와 동일한 2리터라는 사실도 확인했지. 다음번에는 수소 기체 3리터를 사용해서 실험했더니 1.5리터의 산소 기체와 반응해 총 3리터의 수증기를 얻었고. 이런 실험을 몇 번이나 반복하면서 확인할 수 있었던 사실은, 화학 반응이 아주 복잡한 공식에 의해서 이루어지는 것이 아니라는 거였어. 그는 화학 반응이 일정한 비율에 따라 이루어진다는 사실을 깨닫고 **기체 반응의 법칙**이라는 연구 결과를 발표했지.

굉장히 간단한 법칙이라 큰 문제가 없을 것 같았는데, 게이뤼삭은 설명하던 도중에 곤란한 상황에 맞닥뜨렸어. 기체 1리터를 기체 원자 1개 혹은 분자라고 가정하고 표현했더니, 수소 2개와 산소 1개가 만나서 2개의 수증기를 만들어야 했던 거야. '더 이상 나눌 수 없다'라고 했던 산소 원자가 수증기 두 개에 반씩 쪼개져서 들어가야만 했던 거지. 게이뤼삭은 이를 더 이상 설명하지 못했지만, 이후 아보가드로가 새로운 제안을 했어. '같은 온도와 같은 압력에서는 기체의 종류와 상관없이 같은 부피 속에 같은 수의 입자가 들어 있다'라는 가설을 내놓은 거지. 아보가드로는 이를 설명하면서 게이뤼삭과 달리, 기체는 원자 하나씩으로 구성된 게 아니라 두 개씩 붙어 있는 형태라고 이야기했어. 분자의 개념을 최초로 제시한 거지. 비록 당시에는 원자를 쪼개는 일을 피하기 위해 임시방편으로 생각해 낸 아

이디어였지만, 후에 그것이 사실로 드러나자 아보가드로의 법칙으로 불리게 되었어.

이처럼 우리가 알고 있는, 또는 지금부터 알아 갈 과학적인 사실들을 조금씩 더하다 보면 완전한 화학 반응식을 만들 수 있어.

우리는 계절 같은 자연적인 요인이나 불이나 냉각기 같은 기구를 통해서 온도나 압력 같은, 물질 상태에 중요한 영향을 미치는 변인을 조절할 수 있어. 하지만 우리가 원하는 것은 인위적이거나 특별한 상태가 아니라 가장 대표적이고 일반적인, 즉 실제 환경에 가까운 표준적인 상태에서의 결과일 거야. 그래서 섭씨 25도에 1기압이라는 표준 상태에서의 물질 상태가 큰 의미를 갖지. 위의 화학 반응에 등장하는 원소인 수소나 산소는 지금 말한 표준 상태에서 기체로 존재해. 하늘로 둥둥 떠오르는 수소나 헬륨이 들어 있는 풍선, 우리가 호흡하며 살아갈 수 있게 해 주는 산소를 떠올리면 자연스럽지.

여기에 흥미로운 점이 있어. 한 종류로 이루어져 기체로 존재하는 원소들은 둘씩 함께 있어야만 안정하게 자연계에 존재한다는 거야. 예외가 있다면 주기율표에서 오른쪽 제일 끝에 있는 헬륨(He), 네온(Ne), 아르곤(Ar), 크립톤(Kr), 제논(Xe), 라돈(Rn)인데, **비활성 기체**라고 불리는 원소들이야. 이름에서도 알 수 있듯이 다른 무엇인가와 반응하기 위한 활성이 없이도 원자 홀로 기체 상태로 존재할 수 있는 원소들이지. 이 비활성 기체들을 제외한 다른 기체들은 모두 무언가 반응하길 원하는 활성이 있기 때문에, 기체 상태로 있으려면 같은 종류끼리 모여야 해. 앞에서 살펴본 간단한 화학 반응식은 실제로 둘씩 모여야만 존재할 수 있다는 관찰 사항을 반영해서 다음과 같이 쓸 수 있어.

$$2H_2 + O_2 = 2H_2O$$

이제 수소와 산소가 만나서 새로운 물질을 만들어 내는 화학 반응식이 거의 다 만들어졌어. 수학이었다면 양쪽이 동일하다는 표시인 등호(=)를 사용했을 거야. 하지만 우리는 물질과 물질이 만나서 새로운 물질을 만들어 내는 과정을 표현하려는 거잖아. 만일 등호를 사용한다면 수소 두 분자와 산소 한 분자가 수증기(물) 두 분자와 '같다'라는 의미가 될 텐데, '물질은 원자들이 어떻게 배열되어 있느냐에 따라서 다르다'라는 물질의 개념에서 본다면 저 둘이 똑같다는 데에는 논리적으로 문제가 생겨. 그래서 화학 반응식에서는 등호가 아닌, 하지만 수학적으로는 등호와 유사한 의미를 가지고 있는 화살표를 사용해서 화

수소 1부피, 염소 1부피, 염화수소 2부피
즉, 부피 비가 1:1:2

아보가드로

수소 1부피 + 염소 1부피 → 염화수소 2부피

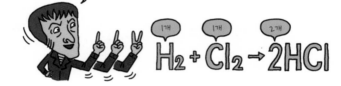

수소 분자 1개, 염소 분자 1개, 염화수소 분자 2개
즉, 개수 비가 1:1:2

1개 1개 2개
$H_2 + Cl_2 \rightarrow 2HCl$

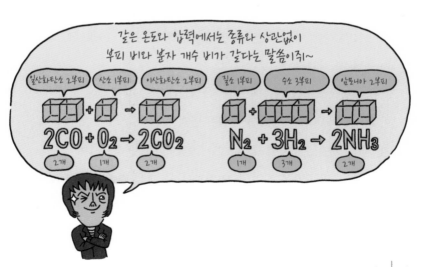

같은 온도와 압력에서는 종류와 상관없이
부피 비와 분자 개수 비가 같다는 말씀이쥐~

일산화탄소 2부피 + 산소 1부피 → 이산화탄소 2부피

$2CO + O_2 \rightarrow 2CO_2$
2개   1개   2개

질소 1부피 + 수소 3부피 → 암모니아 2부피

$N_2 + 3H_2 \rightarrow 2NH_3$
1개   3개   2개

학 반응을 표현해.

$$2H_2 + O_2 \rightleftarrows 2H_2O$$

자, 이제 우리가 말하고자 하는 화학 반응식의 최종 형태에 거의 다 왔어.

돌이킬 수 있거나, 없거나: 가역 반응과 비가역 반응

화살표가 양쪽으로 있는 이유는 무엇일까? 한쪽 방향으로 쓰면 왜 안 될까? 화학 반응이 어느 한쪽으로만 갈 수 있는 '일방 통행'일지, 아니면 앞서 살펴보았던 물질의 상전이처럼 상황에 따라 '양방향 통행'일지는 우리가 선택해야 해. 두 경우의 예로는 이런 게 있겠지.

먼저 한쪽으로만 반응이 진행되는 화학 반응을 생각해 보자. 기름이나 나무 같은 연료를 태워서 열과 빛을 내는 경우가 그렇지. 추운 겨울날 난방을 할 때, 모닥불을 피우고 캠프파이어를 즐길 때, 자동차가 움직일 수 있게 연료를 태울 땐 양방향으로 화학 반응이 일어나는 게 불가능해. 태우고 남은 재와 찌꺼기가 다시 나무나 기름 같은 연료로 바뀌는 일은 절대 없을 테니까. 가스레인지의 연료로 많이 사용해 왔던 프로판(propan) 가스가 연소되는 반응도 여기에 해당해.

$$C_3H_8 + 5O_2 \rightarrow 3CO_2 + 4H_2O$$

위와 같이 나타내 볼 수 있는데, 3개의 탄소(C) 원자와 8개의 수소(H) 원자가 조합하여 만들어지는 물질 중 하나인 프로판(C_3H_8)이 산소와 만나 많은 열과 빛을 내며 타오르고, 이 과정에서 부산물로 3분자 이산화탄소(CO_2)와 4분자 수증기(H_2O)가 만들어지지. 그렇다고 공기 중에 존재하는 이산화탄소와 수증기가 만나 연료가 만들어지는 일은 일어나지 않잖아? 이런 경우 한 방향 화살표를 사용해서, 한쪽으로만 화학 반응이 일어날 수 있음을 표현해. 그리고 이를 되돌릴 수 없는 반응이라는 의미로 **비가역 반응**이라고 하지.

되돌릴 수 있는 반응은 자연히 **가역 반응**이 되겠다, 그치? 액체 상태인 물을 증발시키거나 끓여서 기체 상태인 수증기로 상전이시킬 수 있고, 수증기를 냉각하는 방법을 통해 다시 물로 만들 수도 있어. 하지만 물도 수증기도 모두 화학식이 H_2O로 같고 오로지 상태만 다르기 때문에, 이러한 경우 조금 더 많은 정보를 화학 반응식에 표현해 줘야 할 것 같지? 화학 반응식을 본 사람들이 온전한 정보를 얻을 수 있게끔 물질의 상태에 대한 정보도 함께 써 줘야 해. 기체(gas), 액체(liquid), 고체(solid) 상태를 표현하기 위해서 각 물질 상태의 영어 단어 앞 글자를 따와서 g, l, s로 표현한단다. 그럼 지금 말한 물질의 상전이를 화학 반응식으로 표현하는 것도 아래처럼 간단해지지.

$$H_2O(l) \rightleftarrows H_2O(g)$$

어때? 정말 간단하지? 그럼 마지막으로 수소와 산소가 반응해서 수증기를 만들어 내는 반응을 제대로 표현해 보자.

$$2H_2(g) + O_2(g) \rightleftarrows 2H_2O(g)$$

자, 완성이야! 기체와 기체가 만나서 새로운 기체 상태의 물질을 만들어 내는 대표적인 반응을 표현하는 데 성공했어. 간단해 보이지만 많은 내용이 담긴 이 반응식을 만들어 내고 이해하고자 오랜 옛날부터 수많은 실험과 연구를 해 왔던 거야.

수학의 수많은 수식들이 각자 자기만의 법칙과 멋을 뽐내듯이,
화학 반응식들도 알면 알수록 매력적인 면들을 드러내는 것 같
지 않니?

자, 세상을 이루는 원소들이 물질로, 물질들이 더 많은 물질
로 뻗어 나갈 수 있었던, 이 매력적인 화학 반응에 대해 다음
장에서 조금 더 알아보자.

Chapter 07

화학 반응으로
세상을 짓다

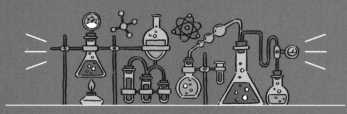

　　물질을 조작해 변형을 일으키는 방법은 크게 두 가지
야. 바로 물리적 반응과 화학적 반응이지. 물리적인 반응은 말
그대로 압력이나 충격 같은 물리적인 힘을 가해서 물질을 자르
거나 뭉치거나 찌그러뜨리거나 해서 형태가 바뀌는 현상을 말
해. 실생활에서는 다양한 모양이나 형태로 물건을 사용하는 것
이 중요하기 때문에 물리적 반응 역시 중요하지. 하지만 화학
적 반응, 즉 화학 반응은 물리적 반응보다 더 흥미롭고도 다양
한 결과를 보여 준단다. 만약 우리가 블록으로 무언가를 만든
다면, 그때 줄 수 있는 변화는 새로운 블록을 더하거나(첨가), 다
른 블록으로 바꾸거나(치환), 혹은 빼내는(제거) 방식으로 일으킬
수 있겠지. 물질과 물질이 만나 일으키는 반응도 비슷해. 이 장
에서는 물질이 어떤 과정을 통해 화학 반응을 일으키는지, 이
를 거쳐 어떤 변화가 일어나는지, 분자 수준에서 자세히 살펴
보자.

분자의 가짓수 = 원자의 조합?

지금까지 가장 대표적인 탐구 대상이었던 물(H_2O)을 다시 한 번 불러와 보자. 이제 H_2O라는 분자 화학식을 보면 수소 원자 2개와 산소 원자 1개로 이루어져 있다는 사실 정도는 바로 알 수 있겠지? 그런데 수소 2개, 산소 1개, 총 3개의 원자가 함께 붙어 있기만 하면 다 물이라는 물질이라고 할 수 있을까? 원자 3개를 서로 연결하고 배열하는 방법은 한 가지만이 아니야. 한 줄로 나란히 서 있을 수도 있고, 서로 손을 잡고 동그랗게 고리 모양을 만들 수도 있거든. 이 별것 아닌 듯한 배열과 결합 방식이 물질의 종류를 결정짓는 가장 중요한 요인이라는 사실이 신기하지 않니?

원자의 배열이 물질을 결정하는 가장 대표적인 예는 탄소에서 찾을 수 있어. 탄소들끼리 손을 잡고 줄을 선다고 할 때, 납작하게 평면 모양으로 서면 연필이나 샤프심같이 검고 부드러우며 잘 부러지는 흑연이라는 물질이 만들어져. 하지만 탄소들이 평면이 아닌 입체로 더 많이 손잡고 있으면 세상에서 가장 단단하고 빛나는 다이아몬드가 만들어지지. 이 두 물질은 다른 원자가 빠지거나 추가되지 않고, 오로지 탄소만으로 이루어진 물질이야. 그저 배열이 달라서 엄청난 차이가 생긴 거지.

같은 물질이라도 배열 방법에 따라 완전히 다른 물질이 된다면 다루기 어려울 테니, 오히려 안 좋을 것 같다고? 아니, 꼭 그렇진 않아. 온도와 압력에 따라서 상전이가 일어나 물질 상태를 바꿀 수 있었던 것 기억하지? 물질을 이루는 원자 배열 또한 온도나 압력 조절로 바꿀 수 있어. 물론 상전이보다는 강도가 세야 하지. 지구 깊숙한 곳에서 높은 온도와 압력을 받아 다이아몬드가 생겨난 것을 응용해서, 석탄 같은 탄소에 아주아주 높은 압력을 가해 인공 다이아몬드를 만들어 내는 것이 대표적인 예야.

흑연이나 다이아몬드같이 극단적인 경우만 있는 건 아니야. 탄소의 배열 차이로 만들 수 있는 물질은 여러 종류가 있는데, 각각의 특성을 활용하여 우리 삶을 윤택하게 만들고 있지. 탄소 원자들이 축구공 모양으로 배열되어 만들어진 버크민스터 풀러렌이라는 물질은 요즘 환경오염을 우려하여 많이 설치하고 있는 태양광 발전에 사용하고, 흑연의 한 단면을 얇게 떼어 낸 그래핀이라는 물질은 휘어지는 디스플레이 화면 제조에 가장 중요한 물질이야. 또한 긴 선처럼 생긴 탄소 나노 튜브라는 물질은 강도가 아주 뛰어나서 방탄복, 낚싯대뿐 아니라 먼 미

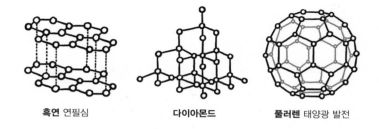

흑연 연필심　　　**다이아몬드**　　　**풀러렌** 태양광 발전

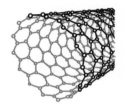

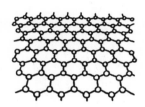

탄소 나노 튜브 방탄복, 낚싯대,
우주 엘리베이터의 유력 재료

그래핀 휘어지는 디스플레이 화면

래에 지상과 우주 정거장, 혹은 우주 정거장과 우주 정거장 사
이를 연결하기 위한 우주 엘리베이터 발명에 유력한 재료로
손꼽혀. 이처럼 원자 배열 조정만으로 수많은 물질들이 생겨
났고, 그 물질들은 각각 독특한 특성을 가지고 있어. 공부하고
활용할 가치가 충분하지.

　그럼 원자 한두 개를 빼는 조작으로도 변화가 생길까? 물은

H_2O라는 원자 배치를 가지고 있어. 가운데에 있는 산소가 양옆의 수소들과 손을 잡고 있는 형태야. 여기서 수소를 하나 빼거나 더 넣거나 하는 정도의 간단한 변형은 별로 큰 영향을 끼치지 않을 것 같지? 하긴 사과를 한 입 베어 먹어도 사과인 것은 변하지 않으니까. 그런데 분자 세상에서는 이 작은 차이가 어마어마한 결과를 만들어 내. 물에서 수소를 하나 떼어 내면 수산화이온(OH^-)이라고 불리는 물질이 만들어지는데, 흔히 양잿물이라고도 하는 이 물질은 단백질을 녹이는 특성이 있어서 주방 세제나 비누 등의 제조에 사용했어. 당연히 몸의 단백질도 녹이기 때문이 위험한 물질이지. 반대로 물에 수소를 하나 더 집어넣으면 히드로늄이온(H_3O^+)으로 바뀌는데, 금속마저 녹이는 아주 높은 반응성을 가지고 있는 위험한 물질이야. 염산이나 황산 등이 바로 이 물질로 인한 특성을 갖고 있지.

사람이 살아가는 데 없어서는 안 되는, 조금만 부족해도 생명이 위험해지는 것이 물이야. 그런데 이 물에서 원자 1개를 넣거나 빼는 것만으로도 위험한 독극물이 되다니, 원자 배열이란 정말 놀라워!

〓 원자 배열을 바꿔 보자: 화학 반응 〓

결국 원자 몇 개가 어떻게 배열되어 있느냐에 따라 물질의 종류가 결정된다고 봐도 과언이 아니겠네. 그럼 우리가 하려는 일이 간단히 정리되지? 물질을 이루고 있는 원자의 종류나 배열을 바꿔야만 목표로 삼은, 혹은 한 번도 본 적 없는 새로운 물질을 만들어 낼 수 있어. 이 내용은 앞에서 간략히 살펴보았던 돌턴의 원자론 3, 4번째 항목에 해당하지.

1 모든 물질은 더 이상 쪼갤 수 없는 원자로 이루어져 있다.

2 원자의 종류가 같으면 원자들의 크기, 모양, 질량이 같다.

3 화학 변화가 일어날 때 원자는 배열이 달라질 뿐, 새로 생기거나 없어지지 않고 다른 종류의 원자로 변하지 않는다.

4 원자들이 결합하여 새로운 물질을 만들 때, 항상 일정한 비율로 결합한다.

화학 변화, 즉 반응이 일어난다면 물질이 새로운 물질로 변화하게 될 거야. 결국 물질의 가장 중요한 요건이었던 구성 원자들의 배열이 달라짐을 의미하지. 여기서 핵심은 이 과정에서 '새로 생기거나 없어지지 않고 다른 종류의 원자로 변하지 않는다'라는 내용이라고 할 수 있어.

수식을 쓸 때 등호를 사용해서 양쪽이 같다는 표시를 하지. 화학 반응을 나타내는 화학 반응식에서는 화살표를 쓰긴 하지만 등호와 의미는 유사해. 반응식에서 화살표(→ 또는 ⇌) 왼쪽의 물질들을 화학 반응에 참여하는 물질이라는 의미로 **반응물**이라고 부르고, 오른쪽 물질은 화학 반응을 통해 만들어진 새로운 물질이라는 뜻에서 **생성물**이라고 해. 반응물이 가지고 있는 원자의 종류와 개수는 생성물의 원자 종류, 개수와 완전하게 같아야 해.

만약 새로 생기거나 없어지거나 혹은 아예 다른 원자로 변하면 어떤 일이 생길까? 앞에서 우주와 물질의 탄생을 살펴보면서 질량이 어마어마한 양의 에너지로 바뀔 수 있다는 아인슈타인의 질량-에너지 등가원리($E=mc^2$)를 살펴봤잖아. 화학 반응에서 새로운 질량이 생기거나 사라진다는 것은 일반적이지 않은 엄청난 에너지가 필요하다는 것이고, 이런 극한 조건에서라면 물리적인 반응 없이 화학 반응만 일어나는 데 그치지 않을 거야. 우리는 물질을 이루는 요인이 원자 배열이라는 데 관심을 가지고, 반응 전후에 원자 배열이 달라져 새로운 물질로 변화한다는 데 초점을 맞추고 있고 말이야.

4번째 항목인 '원자들이 결합하여 새로운 물질을 만들 때, 항상 일정한 비율로 결합한다'라는 말의 의미는, 물은 언제나 H_2O라는 화학식을 갖는다는 사실로부터 생각해 볼 수 있어. 아무리 많은 양의 수소와 산소를 넣어 준다 해도, 화학 반응을 통해 생성되는 물은 수소 2개와 산소 1개로만 이루어지지. 이처럼 항상 일정한 비율로 물질이 만들어지는 것을 **일정 성분비의 법칙**이라고 해.

소변에 들어 있는 암모니아는 질소(N) 1개와 수소 3개로, 몸이 안 좋을 때 병원에서 맞는 링거 수액 속 포도당은 탄소 6개, 수소 12개, 산소 6개로, 언제나 일정한 비율로 이루어져 있어. 이처럼 일정 성분비는 지구에서든 우주에서든 어떤 물질을 결정하는 필수적인 조건이기 때문에 변하지 않아.

화학 반응과 반응 속도

세상에는 수많은 종류의 물질이 있고, 물질들은 화학 반응을 해. 그런데 우리가 눈으로 물질 변화를 알아차리는 데 중요한 요소가 있어. 재미있게도 화학 반응의 속도가 그 주인공이야. 속도나 속력은 주로 운동 경기에서 공을 던질 때, 혹은 교통수단을 이용할 때 빠르기를 비교하기 위해 종종 사용하는 말이잖아. 화학 반응은 어딘가로 직접 이동하거나 날아가는 건 아니지만, 우리가 지켜보는 출발 지점(반응물)과 목표 지점(생성물) 사이의 이동(반응)이 명확하기 때문에 속도를 따져보는 것이 큰 의미가 있어. 여기서 잠깐! 속도와 속력은 흔히 혼동하는 개념이니까 확실히 해 두고 넘어가자. 속력은 방향 없이 크기만 나타내고, 속도는 방향과 크기를 모두 나타내. 화학 반응은 원하는 목표 지점까지 방향이 분명하니 속도라는 용어를 사용하는 것이 옳겠지?

화학 반응 속도도 우리가 일상에서 쓰는 속도와 마찬가지로 빠르다 혹은 느리다,라고 말할 수 있을 거야. 바꿔 말하면 빠르게 진행되는 화학 반응이 있고, 느리게 일어나는 화학 반응이 있는 거지. 또한 자전거 페달을 강하게 밟으면 속도가 빨라지는 것처럼, 어떠한 조작을 통해서 반응 속도를 빠르게 혹은 느리게 조절하는 것도 충분히 가능해. 우리 주위에서 살펴볼 수 있는 느린 반응과 빠른 반응에는 이런 것들이 있지.

- 비에 젖은 자전거에 녹이 슨다. (느린 반응)
- 여름철 상온에 보관한 음식물이 부패한다. (느린 반응)
- 종이가 불에 타며 연소한다. (빠른 반응)
- 하늘에서 폭죽이 터진다. (빠른 반응)

무심코 넘기던 일들이 화학 반응을 통해 물질이 변화하는 과정이었다니 신기하지?

느린 반응 중 하나인 쇠에 녹이 스는 과정을 화학 반응식으로 이렇게 써 볼 수 있어.

$$4Fe(s) + 3O_2(g) + 3H_2O(l) \rightarrow 2Fe_2O_3 \cdot 3H_2O(s)$$

복잡해 보이지만, 화학 반응을 되새겨 볼 겸 차근차근 분석해 보자. 화살표 왼쪽의 반응물 부분에 위치한 Fe는 철의 원소 기호야. 여기서는 순수한 철이 금속(고체, s) 상태로 있었다는 것을 알 수 있겠네. 물이 묻은 철은 녹슨다는 걸, 경험으로 다들 알고 있지? 철이 녹스는 반응에는 공기 중에 있는 산소(O_2, 기체, g)와 물(H_2O, 액체, l)이 모두 필요해. 이 셋이 만나 느린 반응을 하며 오랜 시간이 경과하면 세 물질에 있던 원자들이 모여 다시 배열되어 완전히 새로운 물질이 생겨. 반응물을 살펴보면 물 분자와 함께 붙어 있는 산화철($Fe_2O_3 \cdot 3H_2O$)이 고체 상태가 되

수리수리마수리~
빠른 반응을 이용한 마술쇼!
플래시페이퍼를 이용해 종이에 불을 붙였다가
순식간에 사라지게 하는 마술이지롱~

었음을 알 수 있지. 이게 바로 녹슬었다고 할 때 보이는 붉은빛 가루야. 이 반응은 한번 녹이 슬면 다시 광택 있고 단단한 철로 돌아가지 못하는 일방통행이니 한쪽 방향 화살표로 연결해야 해. 각 물질 앞에 붙은 숫자는 어디서부터 정하냐고? 화살표는 양쪽의 원자 개수가 똑같다는 뜻이라서 반응물과 생성물에 들어 있는 원자들의 종류와 개수가 같도록 붙여 준 거야.

그런데 화학 반응의 속도에는 도대체 무슨 의미가 있는 걸까? 그냥 자연스럽게 반응이 일어나도록 방치해도 괜찮은 경우에는 크게 우려할 필요가 없지만, 화학 반응을 통해 원하는 물질을 만드는 데 시간이 너무 오래 걸리면 곤란해지는 경우도 있어. 몸이 아파서 물에 가루약을 녹여 먹어야 하는데, 약이 녹는 속도가 너무 느려서 준비하는 데 몇 시간씩 걸린다면 곤란하겠지. 반응 속도가 너무 빨라서 조절할 수 없어도 안 되고, 너무 느려서 언제 끝날지 몰라도 안 돼. 그래서 반응 속도를 적절하게 조절할 필요가 있는 거지.

화학 반응이 물질을 이루는 분자들의 재배열을 통해 이루어지듯이, 반응 속도 역시 온도나 압력과 같은 외부 요인들을 조절해서 원하는 대로 할 수 있지 않을까? 반응물들의 원자 배열을 끊고 새로운 배열을 만들어야 할 때는, 일반적으로 에너지를 더 많이 가해서 이러한 재조합이 빠르게 일어날 수 있게 할 수 있어. 물에 소금을 녹이는 **용해** 반응을 생각해 보면 쉬워. 얼음물처럼 차가운 물에는 소금이 잘 녹지 않아서 많이 휘저어 야 하지만, 끓는 물에는 넣자마자 바로 사르륵 녹아 없어지지.

세상에는 물질보다 화학 반응의 종류가 더 많아. 사람은 이를 적재적소에 유용하게 활용하면서 필요한 것들을 만들어 문명을 영위하고 있다고 해도 과언이 아니지. 그러니까 화학 반응에 대해 알고, 얼마나 관여할 수 있는지 파악하는 것이 중요한 거고. 그동안 무심코 지나쳐 왔던 주위의 다양한 현상들을 볼 때마다 어떤 분자가 무슨 일을 겪었을지 곰곰이 생각하며 지켜본 다면, 세상은 더 흥미로워지지 않을까 싶어.

Chapter 08

물질은
물질은
무질서를 좋아해

　　물질의 상태를 결정할 때도, 화학 반응의 속도를 조절할 때도, 온도의 역할이 매우 중요해. 열의 존재와 부재를 표현하는 척도인 만큼 온도는 열과 연속적인 관계가 있다고 할 수 있지. 그렇다면 화학 반응이 일어날 때 열은 어떻게 이동하는 걸까?

　　물질을 이해하기 위해 아주 작은 원자에서부터 여기까지 여행해 왔잖아. 이번엔 조금 더 먼 곳을 생각해 보자. 지구가 속해 있는 태양계를 넘어, 넓고 넓은 광활한 우주에서도 열의 이동과 화학 반응이 어떤 영향을 주고받지 않을까? 이제부터는 열의 이동이 화학 반응에 어떤 영향을 미칠지, 화학 반응을 통해 물질이 어떻게 자유롭게 움직이는지 다양한 시점에서 살펴볼 거야.

〓 열을 뿜는 화학 반응, 빨아들이는 화학 반응 〓

열은 온도가 높은 곳에는 많이 존재하고, 반대로 온도가 낮은 곳에는 적게 존재한다고 할 수 있겠지. 그래서 온도가 높은 곳에서 낮은 곳으로 에너지가 흘러가 **열의 이동**이 일어나고, 결국 맞닿은 두 물질의 온도가 같아져. 차가운 손과 따뜻한 손을 맞잡으면 어느 순간부터 온도 차이가 느껴지지 않았던 경험이 있을 거야. 이와 비슷하지.

그렇다면 물질이 변화하는 화학 반응에서도 열의 이동이 방향을 가지고 작용하지 않을까? 우선 우리가 관심 갖는 대상을 명확히 해 보자. 통 속에서 나무토막이 불에 타며 연소라는 화학 반응이 일어나고 있다고 가정하는 거야. 우리가 관심 있고, 보고 싶은 대상은 당연히 화학 반응이 일어나는 통의 내부겠지. 이처럼 실질적인 화학 반응이 일어나고 있는 장소를 **계**(System)라고 불러. 지구가 태양계에 속해 있고 동식물들이 자연계에 속해 있는 것과 마찬가지로 어떤 사건이 일어나고 있는 영역을 계라 부른다면 이해하기 쉬울 거야. 그럼 나무가 타고 있는 통 바깥은 무엇일까? 바깥 영역에서 화학 반응이 일어나는 것은 아니지만, 계에서 일어나고 있는 변화로 어떠한 영향을 받고 있을지도 몰라. 그래서 계를 둘러싸는 부분이라는 의미로 **주위**(Surrounding)라고 칭해. 우리가 관심 있는 부분과 그 바깥 부분을 아우르면 계와 주위를 합친 것이 되겠지? 이 전체 영역을 **우주**(Universe)라고 불러.

자, 지금 정의한 계와 주위에 화학 반응이 어떤 영향을 미치는지 살펴보자.

물질은 연소할 때 빛과 열을 내는데, 한 번이라도 모닥불 앞에 앉아 본 친구라면 빛과 열이 어디로 이동하는지 떠올릴 수 있을 거야. 연소가 일어나고 있는 계의 바깥, 앉아 관측하고 있는 주위로 퍼져 나간다는 것을 말이야. 이처럼 에너지가 높은 계로부터 상대적으로 낮은 주위로 열이 이동하는 현상을 **발열**이라고 불러. 분명 열을 느끼고 받아들이는 것은 주위에서 바라보고 있는 우리들인데, 왜 열을 발생시킨다는 의미의 발열이라고 하는지 의아할 수도 있겠다. 그런데 화학 반응에서 가장 중요한 것은 그 현상이 일어나고 있는 계의 입장이기 때문에 계가 열을 방출한다고 판단하는 것이 옳아.

반대의 경우도 생각해 볼 수 있지. 통 속에 차가운 얼음이나 드라이아이스가 가득 들어 있다고 치자. 이 차가운 물질들은 주위의 열에너지를 흡수하며 상전이해서 물이나 이산화탄소 기체로 변화하는 화학 반응을 일으킬 거야. 주위의 열이 계로 들어가고, 계의 입장에서 보면 열을 흡수하고 있다고 할 수 있겠지. 이것이 **흡열**이라는 현상이야.

물질이 연소하거나 아주 차가운 물질이 데워지는 것 같은 극단적인 반응을 예로 들어서 발열과 흡열을 알아보았지만, 사실 모든 화학 반응은 발열 또는 흡열 중 하나의 특징을 가지고 있어. 그 정도는 반응 종류에 따라 다르겠지만 말이야.

⇛ 반응 속도를 조절할 수 있는 열의 이동 ⇚

반응이 일어나는데 발열이나 흡열 같은 열의 이동이 일어나는 이유는 뭘까? 원자의 배열이 바뀌는 과정에서 원래 배열을 끊어주는 데 열이 필요하고, 새로운 배열이 생겨날 때는 열이 다시 빠져나가는데 이 둘의 크기가 다르기 때문이야. 다시 한 번 수소와 산소가 만나 수증기를 만드는 화학 반응을 불러와 보자.

$$2H_2(g) + O_2(g) \rightleftarrows 2H_2O(g)$$

산소가 두 개의 수소와 손을 잡고 있는 수증기 분자 구조를 만들기 위해서는, 가장 먼저 반응물에 있는 수소와 산소들을 따로따로 끊어 주어야만 해. 서로 안정적으로 잘 머물러 있던 배열들을 떨어뜨리려면 에너지가 필요하지. 외부에서 들어가는 열에너지가 바로 이때 쓰여. 물질이나 에너지가 아무런 이유도 없이 세상에서 사라지는 일은 없다고 했지? 열에너지는 수소와 산소 원자들이 무언가 다른 물질을 만들 수 있는 일종의 연료가 된다고 생각하면 돼. 그러다 원자들이 모여 수증기라는 새로운 배열을 만들어 내면, 이때 가지고 있던 불필요한 많은 열에너지들은 다시 주위로 빠져나가. 화학 반응식으로만 보면 마치 그냥 섞어 두면 자연스럽게 일어나는 사건 같지만, 숨겨진 단계들에서 열에너지가 들어왔다 나왔다 하면서 도와주는 거지.

소금이 물에 녹는 반응 역시 염화소듐($NaCl$)이라는 소금 분자 배열이 Na^+와 Cl^-이라는 조각들로 떨어져 나가는 현상이야. 차가운 물보다 뜨거운 물에 소금이 더 잘 녹잖니. 이것도 소금의 배열을 끊어 주는 데에 열에너지가 필요한 흡열 반응이라서 그래. 온도가 높으면 에너지가 많으니 더 손쉽게 소금의 결합들을 잘라 내서 물에 녹을 수 있게 도와주지.

각 화학 반응이 흡열과 발열 중 어떠한 열의 이동 특성을 가지고 있는지 안다면, 온도를 높이거나 낮추는 것 중 무엇이 반응 속도 조절에 유리할지 예측할 수 있겠지?

〉 자유도와 무질서도 〈

흡열과 발열은 반응을 예측하고 조절하는 데 아주 유용한 정보를 제공해 주지만, 언제나 상대적일 수밖에 없어. 같은 반응이라도 더운 남쪽 나라나 추운 북극에서는 결과가 달라질 수 있으니 '이 반응은 반드시 이쪽으로 간다'라고 단언할 수가 없지. 그렇다면 조금 더 본질적이고 절대적인 기준이나 실마리는 없는 걸까?

우리는 물질의 시작을 우주의 탄생부터 지켜봐 왔지. 그러니 우주에서 언제나 성립하는 규칙을 알 수 있다면, 물질을 이해하는 데 큰 도움이 될 거야. 약간은 어렵게 들릴 수 있지만 자유도, 또는 무질서도라는 용어가 해답이 될 수 있어.

원자나 분자가 얼마나 자유롭게 움직일 수 있느냐를 **자유도**라고 해. 자유롭고 긍정적인 느낌이 들지? 반면에 **무질서도**는 엉망진창으로 복잡하게 존재한다는 부정적인 단어 같고 말이야. 하지만 재미있게도 이 둘은 의미하는 바가 같아. 각자 자유롭게 돌아다니는 것과 무질서하게 돌아다니는 것은 외부 시선으로 보면 크게 다를 바 없는 무작위 상태거든. 그런데 우리가 살고 있는 우주에 존재하는 물질들은 모두 무질서한 상태가 되고 싶어 해.

투명한 통 하나를 준비해서 아래쪽에는 빨간색 구슬을, 위에는 파란색 구슬을 차곡차곡 담았다고 생각해 보자. 이 상태는 굉장히 잘 정리한, 곧 질서 있는 상태야. 이 통을 들어서 한 번 세게 위아래로 흔든 다음에 다시 들여다보면 어떨까. 두 가지 색깔 구슬들이 조금 섞여서 무질서한 상태가 되었겠지. 한 번씩 더 흔들 때마다 통 속의 구슬들은 점점 더 뒤죽박죽으로 섞여서 알록달록한 배열이 되어 버릴 거야. 이처럼 구슬 섞기는 무질서하게 섞이는 방향으로 진행되는 게 자연스러워. 물론 수백만, 수천만, 수억 번을 흔들다 보면, 정말 아주 우연히도 처음과 같이 색깔별로 다시 나뉜 모습을 보게 될 가능성도 있긴 있어. 하지만 말 그대로 우연히 낮은 확률로 이루어진 결과일 뿐 자연스러운 방향이라고는 할 수 없지. 이처럼 우리가 살고 있는 우주에서의 모든 반응들은 서로 간에 더 자유로운 분포로, 무질서해지는 방향을 원하고 있어. 화학 반응 또한 예외는 아니고.

앞서 살펴보았던 고체, 액체, 기체라는 물질 상태 역시 구성하는 분자들의 자유도에 따라 결정되는 상태야. 낮은 온도나 높은 압력 등으로 분자의 움직임이 억제되지만 않는다면, 자연적으로 물질은 기화나 승화 등의 현상을 통해 보다 자유로운 상

무질서라는 성질 때문에 제비뽑기도 가능한 거지.

태로 이동하고자 하는 방향성이 있지. 소금이 물에 녹는 용해 반응을 비롯한 여러 화학 반응도 자유로운 상태를 선호하는 무질서도의 규칙에 따라 결정되니, 자연의 법칙이란 정말 신기할 따름이야.

깜깜한 그 방에서
한 발짝 밖으로

　세상의 모든 것은 물질로 이루어져 있다고 해도 부족한 말이
아닐 거야. 기체, 액체, 고체를 아우르는 다양한 상태의 물질들
이 이 세상 구석구석을 차지하고 있지. 물질이 아니었다면 우
리는 아무것도 느끼지도, 만지지도, 보지도 못했을 거야. 즉 우
리가 세상을 인식하게 된 바탕이 물질이지. 물질이 생기고 퍼
져 나가게 된 계기는, 앞서 이야기했듯이 아주 오래전에 일어
난, 다시없을 우주의 대사건, 빅뱅으로부터 기인하지. 이때 만
들어진 입자가 원자를, 분자를, 그리고 물질을 이루었고, 이 물
질들이 이런저런 화학 반응을 하여 온갖 새로운 물질들을 만들
어 냈어.

　이 책은 그 물질을 아주 작게 쪼개고 쪼개서, 더 이상 쪼개지
지 않는 지경까지 자세히 들여다보았고, 우주의 탄생부터 자유

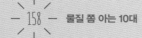

도라는 개념까지 물질을 매개로 연결해 보려는 시도를 했어. 아무런 상관도 없을 것만 같은 둘 사이의 연결이 과학의 무한한 가능성과 재미를 알려 주길 바라면서 말이야. 우주의 탄생과 자유도가 이어지듯이, 멀게만 느껴지던 과학이 이 책을 읽는 너희와 이어졌으면 하는 마음이야.

　과학은 절대 어려운 게 아니야. 남의 일은 더더욱 아니고. 주위에서 일어나는 일을 당연하다고만 받아들이는 대신 관심을 가지고 탐구하는 자세를 가지면 그게 바로 과학이지. 과학을 꼭 과학자만 하라는 법도 없지. 세상과 미래를 바꾸는 과학에는 누구나 발을 들일 수 있어. 이곳에 한 걸음 들어선다면, 너무너무 흥미로운 세상이 손에 잡힐 거야.

과학
쫌 아는
십 대
02

초판 1쇄 인쇄 2019년 2월 20일
초판 1쇄 발행 2019년 2월 27일

지은이 장홍제
그린이 방상호
펴낸이 홍석
전무 김명희
인문편집부장 김재실
편집 이진규
디자인 방상호
마케팅 홍성우·이가은·홍보람·김정선·배일주
관리 최우리

펴낸곳 도서출판 풀빛
등록 1979년 3월 6일 제8-24호
주소 03762 서울특별시 서대문구 북아현로 11가길 12 3층
전화 02-363-5995(영업), 02-362-8900(편집)
팩스 02-393-3858
홈페이지 www.pulbit.co.kr
전자우편 inmun@pulbit.co.kr

ISBN 979-11-6172-730-1 44430
ISBN 979-11-6172-727-1 44080 (세트)

이 책의 국립중앙도서관 출판시도서목록(CIP)은 서지정보유통지원시스템
홈페이지(seoji.nl.go.kr)와 국가자료공동목록시스템(www.nl.go.kr/kolisnet)에서
이용하실 수 있습니다.(CIP제어번호 : CIP2019003499)